QUESTIONS

ET PROBLÈMES D'ARITHMÉTIQUE

POUR SERVIR DE

COMPLÉMENT AU COURS RAISONNÉ D'ARITHMÉTIQUE

PAR J. BOYER.

1. Qu'est-ce que l'arithmétique ?
2. Qu'appelle-t-on *grandeur* ou *quantité* ?
3. La *longueur* est-t-elle une quantité ?
4. On peut augmenter ou diminuer la *science*, le *courage*, la *vertu*, etc. ; ces choses sont-elles des quantités ?
5. Que faut-il faire pour apprécier une quantité ?
6. Qu'est-ce que l'*unité* ?
7. Qu'est-ce qu'un *nombre* ?
8. Qu'est-ce qu'un *nombre entier*, une *fraction*, un *nombre fractionnaire* ?
9. Qu'est-ce qu'un *nombre concret*, un *nombre abstrait* ?
10. Qu'est-ce que la *numération* ?
11. Combien y a-t-il de sortes de *numérations* ?
12. Qu'est-ce que la *numération parlée* ?
13. Comment forme-t-on les nombres ?
14. Comment fait-on pour compter au-delà de *neuf* ?
15. Combien faut-il d'unités simples pour faire une *dizaine* ?
16. Combien y a-t-il de *dizaines* dans le nombre *quarante* ?

1

17. Combien le nombre *septante* ou *soixante-dix* renferme-t-il de *dizaines?*

18. Enoncez un nombre composé d'une *dizaine* et de six unités.

19. Enoncez un nombre composé d'une dizaine et de trois unités.

20. Combien y a-t-il de *dizaines* et d'unités dans le nombre soixante-huit?

21. Décomposez le nombre six cent quatre en ses centaines, ses dizaines, ses unités.

22. Décomposez le nombre trente mille vingt-deux en ses mille, ses centaines, ses dizaines et ses unités.

23. Qu'appelle-t-on ordre d'unités?

24. Qu'appelle-t-on unités du premier ordre, du deuxième ordre, etc., etc.?

25. Combien faut-il d'unités et de dizaines pour faire quatre-vingt-trois?

26. Qu'appelle-t-on *classes* ou *ordres ternaires?*

27. Comment s'appelle la première classe?

28. Quels noms donne-t-on aux autres classes?

29. Combien faut-il d'unités d'une classe quelconque pour faire une unité de la classe immédiatement supérieure?

30. Pourquoi notre système de numération s'appelle-t-il *décimal?*

31. Combien y a-t-il de *nombres?*

32. Qu'appelle-t-on *base* d'un système de numération?

33. Qu'est-ce que la *numération écrite?*

34. Combien emploie-t-on de caractères pour représenter les nombres?

35. A quoi sert le caractère 0?

36. Sur quelle convention repose le système de numération écrite?

37. Combien chaque chiffre a-t-il de valeurs?

38. Comment écrit-on en chiffres un nombre quelconque ?

39. Combien faut-il de chiffres pour représenter les dizaines ?

40. Combien en faut-il pour représenter les centaines, les mille, les dizaines de mille, etc. ?

41. Combien faut-il de chiffres pour représenter 3 millions ?

42. Ecrivez en chiffres vingt trillions six cent quatre billions trente trois mille sept cent vingt unités.

43. Ecrivez en chiffres six trillions vingt mille huit unités.

44. Quel est le nom des unités représentées par le premier chiffre ?

45. Quel est le nom des unités représentées par le cinquième chiffre à gauche ?

46. Dans un nombre composé de huit chiffres, quel est l'ordre du dernier chiffre à gauche ?

47. Combien faut-il de chiffres pour écrire des centaines de billions ?

48. Comment lit-on un nombre écrit en chiffres ?

49. Lisez les nombres suivants : 204 ; 804065 ; 350040067 ; 69020104078.

50. Quels noms donne-t-on aux tranches d'un nombre à partir de la droite ?

51. Qu'appelle-t-on *nombre décimal* ?

52. Qu'appelle-t-on *fractions décimales* ?

53. Comment forme-t-on les fractions décimales ?

54. De quels caractères se sert-on pour représenter les fractions décimales ?

55. Comment écrit-on une fraction décimale énoncée ?

56. Ecrivez huit unités cent deux millièmes ;

vingt mille trois unités quarante-neuf centmillièmes.

57. Ecrivez trente quatre dixmillièmes; vingt-cinq millionièmes.

58. Ecrivez mille trois dixbillionièmes.

59. Quel rang occupe le chiffre des dixièmes, celui des millièmes, celui des centmillionièmes?

60. Combien un centième vaut-il de fois moins que l'unité?

61. Combien l'unité vaut-elle de centbillionièmes?

62. Que faut-il faire pour lire un nombre décimal?

63. Lisez les nombres suivants : 37,04 ; 609,0048 ; 3407,00209 ; 0,00408095 ; 0,00009054046 ; 1,001 ; 0,0001003.

64. Comment rend-on un nombre entier 10 fois plus grand ?

65. Que devient un nombre entier si j'écris trois zéros à sa droite ?

66. Que faut-il faire pour multiplier un nombre entier par l'unité suivie de plusieurs zéros ?

67. Comment divise-t-on un nombre entier par 10 ?

68. Comment divise-t-on un nombre entier par 10000 ?

69. Que devient un nombre entier si je sépare par une virgule cinq chiffres sur sa droite ?

70. Quel est le plus grand des deux nombres 36 et 360 ?

71. Combien le second est-il de fois plus grand que le premier?

72. Quel est le plus petit des deux nombres 4769 et 47,69 ?

73. Combien le second est-il de fois plus petit que le premier ?

74. Les zéros écrits à la gauche d'un nombre entier changent-ils sa valeur ?

75. Les zéros écrits à la droite d'un nombre décimal changent-ils sa valeur ?

76. Un nombre décimal change-t-il de valeur lorsqu'on supprime des zéros sur sa droite ?

77. Que faut-il faire pour multiplier un nombre décimal par l'unité suivie de plusieurs zéros ?

78. Que faut-il faire pour diviser un nombre décimal par l'unité suivie de plusieurs zéros ?

79. Multipliez 38 par 1000.

80. Divisez 729 par 100.

81. Divisez 47 par 10000

82. Multipliez 3295 par 10.

83. Multipliez 47,35 par 100000.

84. Multipliez 0,028 par 1000.

85. Divisez 4287,6 par 100.

86. Divisez 49,5 par 1000.

87. Divisez 0,07 par 10000.

88. Divisez 43000 par 100.

89. Divisez 54600 par 10.

90. Multipliez 168 par un million.

91. Divisez 695 par un billion.

92. Multipliez 0,25 par dix billions.

93. Divisez 4836,5 par cent millions.

94. Qu'est-ce que le calcul ?

95. Quelles sont les opérations destinées à composer les nombres ?

96. Quelles sont les opérations destinées à décomposer les nombres ?

97. A combien peut-on réduire les opérations fondamentales de l'arithmétique ?

98. Qu'est-ce que l'*addition* ?

99. Exposez la règle générale de l'addition.

100. Comment se fait la preuve de l'addition ?

101. Qu'appelle-t-on preuve d'une opération ?

102. Additionnez les nombres 98 ; 103 ; 25 ; 395.

103. Additionnez 3045 ; 45029 ; 87 ; 6928 ; 456.

104. Additionnez 368 ; 4000 ; 29 ; 49537 ; 899 ; 9748.

105. Est-il possible de commencer l'addition par la gauche ?

106. Comment se fait l'addition des nombres décimaux ?

107. Additionnez 3,25 ; 27,043 ; 0,9 ; 8,457 ; 0,08.

108. Additionnez 0,4098 ; 3,00925 ; 109,0004 ; 0,06009.

109. Un objet me coûte 365^f ; combien dois-je le revendre pour gagner 48^f ?

110. Ce cheval me coûte 439^f ; combien faut-il que je le revende pour gagner 78^f ?

111. Un vase pèse 8^{k}25 ; son couvercle pèse 3^{k}9 ; combien pèse le tout ?

112. Un vase pèse 31^{k}78 ; son couvercle en pèse 3,9 et ce qu'il contient 128,97 ; combien pèse le tout ?

113. J'ai 45 ans ; combien en aurai-je dans 27 ans ?

114. Pierre a 3^{f}25 ; Jacques 4^{f}05 ; Paul 8^{f}45 ; combien ont-ils en tout ?

115. Un jeune homme a 27 ans ; quel âge aura-t-il dans 36 ans ?

116. Un homme né en 1775 a vécu 69 ans ; en quelle année est-il mort ?

117. Napoléon est né en 1769 et a vécu 52 ans ; en quelle année est-il mort ?

118. L'empire romain, fondé 15 ans avant Jésus-Christ, a été détruit en 1451 après Jésus-Christ ; combien de temps a-t-il duré ?

119. J'ai 43 ans ; quel âge aurai-je dans 28 ans ?

120. Ma maison me rapporte 627^{f}45 ; ma vigne 159^{f}65 ; mon pré 268^f ; mon champ 560^f, et j'ai sur l'État une rente de 475^{f}85 ; quels sont mes revenus ?

121. J'ai six billets : l'un de 678^{f}95 ; un autre de 1685^f ; un autre de 2308^{f}50, un autre de 749^{f}35 ; un autre de 4009^f ; et enfin un dernier de 467^f ; combien valent-ils en tout ?

122. La bataille d'Allia a été gagnée l'an 390 avant Jésus-Christ ; celle d'Austerlitz l'an 1805 après Jésus-Christ ; combien s'est-il écoulé d'années entre ces deux événements ?

123. Je dois à Paul 28947^f ; à Pierre 3409^f ; à Jacques 678^f ; à Jean 45603^f ; à Claude 6987^f ; à Henri 18783^f ; combien dois-je en tout ?

124. Qu'est-ce que la *soustraction* ?

125. Exposez la règle générale de la soustraction ?

126. Que devient la différence entre deux nombres quand on augmente ou qu'on diminue le plus grand d'une certaine quantité ?

127. Que devient la différence entre deux nombres quand on augmente ou qu'on diminue le plus petit d'une certaine quantité ?

128. Que devient la différence entre deux nombres quand on augmente ou qu'on diminue ces deux nombres de la même quantité ?

129. Otez 427 de 548 ; 645 de 768.

130. Otez 865 de 932 ; 1049 de 2324.

131. Otez 4924 de 6337 ; 5426 de 7203.

132. Comment se fait la soustraction des nombres décimaux ?

133. Comment se fait la preuve de la soustraction ?

134. Otez 48,062 de 54,041 ; 2,09 de 4,03.

135. Otez 0,68 de 3,09 ; 3,28 de 4,03.

136. Otez 4,27 de 6,02 ; 27,3 de 42,1.

137. Otez 6,9 de 8,45 ; 7,4 de 3,025.

138. Otez 0,348 de 4,3 ; 0,14 de 0,7.

139. Otez 8,09 de 15,4 ; 36,748 de 172.

140. Otez 4,368 de 5 ; 69,4752 de 93.

141. Je suis né en 1806 ; quel est mon âge en 1850 ?

142. Combien s'est-il écoulé d'années depuis la prise de Constantinople en 1453 jusqu'à la chute de l'empire français en 1814 ?

143. Vous avez 35 ans ; dans combien d'années en aurez-vous 83 ?

144. Cette maison coûte 4827^f ; j'ai pour la payer 3269^f ; combien me manque-t-il ?

145. Je possède 85769^f ; combien me faudrait-il encore pour avoir 136526^f ?

146. Que faut-il ajouter à 859^f pour avoir 1054^f ?

147. Que faut-il ajouter à 648^f pour avoir 1250^f ?

148. J'ai 27 ans ; dans combien d'années en aurai-je 52 ?

149. Un mélange contient 865 litres de vin de deux qualités ; il y a 378 litres de la première ; combien y en a-t-il de la seconde ?

150. J'ai 65 ans et vous 48 ; combien ai-je d'années de plus que vous ?

151. Partageons ces 15862^f entre nous deux ; vous devez avoir 8983^f ; quelle sera ma part ?

152. Je vous devais 1875^f ; je vous ai payé 897^f ; combien vous dois-je encore ?

153. Cette marchandise m'a coûté 647^f ; je l'ai revendue 803 ; combien ai-je gagné ?

154. Un homme est né en 1698 ; il est mort en 1769 ; combien d'années a-t-il vécu ?

155. Que faut-il ajouter à 4,5 pour avoir 8,36 ?

156. De combien 8,75 surpasse-t-il 5,39 ?

157. Que faut-il ajouter à 8,95 pour avoir 15,1 ?

158. Un vase plein de liquide pèse 12ᵏ728 ; vide il pèse 2ᵏ5 ; quel est le poids du liquide ?

159. Ma maison et mon jardin valent 27832ᶠ ; mon jardin seul vaut 9846ᶠ75 ; quel est le prix de ma maison ?

160. Cet objet d'orfèvrerie coûte 328ᶠ45 ; le prix du métal est 253ᶠ75 ; quel est le prix de la façon ?

161. Mon revenu s'est élevé à 3648ᶠ60 ; j'ai dépensé 4725ᶠ45 ; quelle est ma situation, soit en bénéfice soit en perte ?

162. Pierre m'a donné 148ᶠ ; Paul 227 ; Jean 679 ; j'ai donné à Jacques 897ᶠ ; combien me reste-t-il ?

163. Les frais de culture de mon champ s'élèvent à 349ᶠ65 ; l'intérêt de la valeur du champ est 869ᶠ ; j'ai vendu mes récoltes 1567ᶠ40 ; quel est mon bénéfice ?

164. J'ai payé le drap de mon habit 56ᶠ75 ; la façon 18ᶠ50 ; je l'ai revendu 65ᶠ40 ; quel est le gain ou la perte ?

165. Un boulanger a vendu pour 15ᶠ75 de pain au cordonnier ; le cordonnier lui a fait des souliers qui coûtent 8ᶠ50 ; combien redoit-il ?

166. Vous m'avez prêté une fois 39ᶠ45, une autre fois 28ᶠ75 ; je vous ai rendu une fois 45ᶠ55, une autre fois 12ᶠ35 ; combien est-ce que je vous redois ?

167. Le premier jour je gagne 25ᶠ ; le 2ᵉ je gagne 12ᶠ75 ; le 3ᵉ 17ᶠ60 ; le 4ᵉ je perds 36ᶠ05 ; combien me reste-t-il ?

168. Trois hommes s'associent pour une entreprise : le premier fournit 1827ᶠ ; le 2ᵉ 2349ᶠ ; le 3ᵉ 4627ᶠ ; les frais d'établissement s'élèvent à 3898ᶠ ; combien reste-t-il ?

169. Un homme est né en 1809, un autre en 1832 ; quelle différence y a-t-il entre leurs âges ?

170. Qu'est-ce que la *multiplication ?*

171. À quelle opération se réduit la multiplication lorsque le multiplicateur est un nombre entier?

172. Qu'entend-on par multiplier un nombre par une fraction ?

173. Donnez une définition générale de la multiplication ?

174. Qu'appelle-t-on *facteurs* d'un produit ?

175. Qu'est-ce que le *multiplicande ?*

176. Qu'est-ce que le *multiplicateur ?*

177. De quelle espèce doivent être les unités du multiplicateur ?

178. Combien y a-t-il de cas dans la multiplication des nombres entiers ?

179. Exposez la règle générale de la multiplication.

180. Multipliez 6 par 9 ; 8 par 7 ; 5 par 6 ; 7 par 9 ; 8 par 9 ; 9 par 9.

181. Exécutez les opérations suivantes : 27×4 ; 36×49 ; 409×58 ; 6008×804 ; 4908×9007 ; 63009×609.

182. Démontrez qu'un produit ne change pas lorsqu'on intervertit l'ordre des facteurs.

183. Démontrez que le produit d'un nombre quelconque de facteurs ne change pas lorsqu'on change l'ordre des facteurs.

184. Que devient un produit lorsqu'on multiplie ou qu'on divise l'un de ses facteurs par un nombre quelconque ?

185. Que devient le produit lorsqu'on rend le multiplicande 4 fois plus grand et le multiplicateur 5 fois plus grand ?

186. Un nombre devait être rendu 25 fois plus grand ; par erreur on le rend 25 fois plus petit ;

combien ce dernier résultat est-il de fois plus petit que celui qu'on devait obtenir ?

187. Combien l'expression 180×45 est-elle de de fois plus grande que 180×15 ?

188. Que faut-il faire lorsque les deux facteurs sont terminés par des zéros ?

189. Multipliez 5600 par 750 ; 640 par 580 ; 7400 par 870.

190. Effectuez les produits suivants : 720×600 ; 800×900 ; 50800×760.

191. Que devient un produit lorsqu'on augmente le multiplicateur d'une unité ?

192. De combien 47×8 surpasse-t-il 47×7 ?

193. Que devient un produit lorsqu'on augmente le multiplicande d'une unité ?

194. De combien 69×15 surpasse-t-il 68×15 ?

195. Que devient un produit lorsqu'on augmente le multiplicateur d'un certain nombre ?

196. De combien 75×27 surpasse-t-il 75×12 ?

197. Que devient un produit lorsqu'on augmente le multiplicande d'un certain nombre ?

198. De combien 83×24 surpasse-t-il 48×12 ?

199. Que devient un produit lorsqu'on augmente les deux facteurs d'une unité ?

200. De combien 9×7 surpasse-t-il 8×6 ?

201. Que devient un produit lorsqu'on augmente le multiplicateur de 4 unités ?

202. Que devient un produit lorsqu'on augmente le multiplicande de 5 unités ?

203. Que devient un produit lorsqu'on augmente le multiplicateur de 6 unités et le multiplicande de 7 ?

204. De combien 15×13 surpasse-t-il 12×29 ?

205. Comment se fait la multiplication des nombres décimaux ?

206. Effectuez les produits suivants : $3,5 \times 4,7$; $8,09 \times 7,25$; $0,9 \times 0,8$.

207. Effectuez les produits suivants : $0,092 \times 0,075$; $0,64 \times 6,25$; $0,008 \times 125$.

208. Un mètre d'ouvrage coûte 18^f ; quel est le prix de 36 mètres?

209. Quel est le prix de 798^k à 48^f l'un ?

210. Un kilogramme d'or vaut 3128^f ; combien vaut un lingot d'or qui pèse 28^k ?

211. Trouvez le prix de 168^k à 49^f l'un ?

212. Quel est le prix de 35 litres de liqueur à 12^f l'un ;

213. Trouvez le montant de 532 billets de banque de 500^f ?

214. Quel est le prix de 849 chevaux à 625^f l'un ?

215. Quel est le gain total de 867 ouvriers dont chacun gagne 3^f 75 ?

216. Un entrepreneur emploie 68 ouvriers à 3^f 85 l'un ; combien leur donne-t-il par jour ?

217. Un double-décalitre de blé vaut 3^f 85 ; quel est le prix de 498 ?

218. Quel serait le prix de 189 ares, quand l'are coûte 87^f 50 ?

219. Quel est le poids de 108 ballots dont chacun pèse 129^k ?

220. Quel est le prix de 10 tonneaux de vin contenant chacun 228 litres, à raison de 0^{f}75 le litre ?

221. Un mètre d'étoffe coûte 4^{f}95 ; quel est le prix de 8^m 5 ?

222. On achète 8 douzaines d'oranges à 0^f 25 l'orange ; combien doit-on payer ?

223. Je dois à mon boulanger 37 pains de 2^k, à raison de 0^f,29 le kilog. ; quelle somme faut-il lui donner ?

224. Combien paierai-je pour la façon de 15 douzaines de chemises, à raison de 2^{f}75 la chemise ?

225. J'ai acheté 15 voitures de bois ; chaque

voiture contient 1 stère 7 ; et chaque stère vaut 12^f 45 ; combien dois-je payer pour le tout ?

226. Combien coûtent 48 pièces de drap contenant chacune 68^m25, à raison de 16^f30 le mètre ?

227. Combien coûtent 16 mètres d'ouvrage à 4^f 75 l'un ; plus 28 autres mètres à 3^f65 l'un ?

228. 75 hommes gagnent 4^f25 chacun par jour, et 128 femmes gagnent 2^f40 chacune par jour, combien gagneront-ils ensemble en 29 jours ?

229. Le boulanger a vendu au boucher 169 pains de 3 kilogrammes, à raison de 0^f32 le kilog. ; et le second a vendu au premier 75^k de viande à 0^f95 l'un ; quel est celui qui redoit à l'autre, et combien redoit-il ?

230. Quel est le montant de 78 journées de travail à 3^f75 l'une ?

231. Combien ont gagné 37 ouvriers travaillant pendant six semaines, à raison de 3^f45 par jour ? — N^a. La semaine est de six jours.

232. Quel est le prix de six habits dans chacun desquels il entre 2^m 1 de drap à 18^f 80 le mètre et dont la façon est de 15^f50 ?

233. Je vous ai vendu 8^m 3 de satin à 5^f75 l'un ; plus 3^m 7 de soie à 8^f50 l'un ; plus 6^m 4 de gros de Naples à 5^f l'un ; combien me devez-vous ?

234. Un marchand achète 128 sacs de blé à 42^f ; il le revend moyennant 49 fr. l'un ; l'acheteur lui donne 14 billets de 178 francs ; combien devra-t-il lui donner en argent et combien le marchand gagne-t-il ?

235. Combien faut-il payer pour transporter 67948 kilogrammes de marchandises, à raison de 4^f25 pour 100 kilogrammes ?

236. Combien une centaine d'unités vaut-elle de dixièmes ?

237. Combien un mille vaut-il de millièmes ?

238. Combien une centaine vaut - elle de dixmillionièmes ?

239. Combien une dixaine de mille vaut-elle de centmillièmes ?

240. Combien un million vaut-il de millionièmes ?

241. Réduisez 3,725 en centièmes.

242. Réduisez 64,3704 en trillionièmes.

243. Réduisez 0,00683 en centmillionièmes.

244. Réduisez 46 en dixmillièmes.

245. Qu'est-ce que la division ?

246. Qu'obtient-on en multipliant le *diviseur* par le *quotient*, ou le *quotient* par le *diviseur* ?

247. A quelle opération peut-on ramener la division ?

248. Dans quel cas le quotient est-il abstrait ?

249. Dans quel cas le quotient est-il concret ?

250. Exposez la règle générale de la division.

251. Trouvez à l'unité près le quotient de 708 par 25.

252. Effectuez les divisions suivantes : 369 : 5 ; 1728 : 9 ; 43690 : 27 ; 642008 : 32 ; 4080367 : 428.

253. Quand la division laisse un reste, que faut-il faire pour avoir un quotient complet ?

254. Effectuez les divisions suivantes : 64 : 72 ; 8 : 643 ; 12 : 625 ; 25 : 84 ; 48 : 69 ; 1 : 32.

255. Que devient le quotient quand on multiplie le dividende par un certain nombre ?

256. Combien $138 \times 6 \times 5$ valent-ils de fois 138×6 ?

257. Que devient le quotient quand on multiplie le diviseur par un certain nombre ?

258. Que devient le quotient quand on multiplie ou qu'on divise les deux termes de la division par le même nombre ?

259. Que faut-il faire lorsque le dividende et le diviseur sont terminés par des zéros ?

260. Divisez 4800 par 150 ; 12600 par 1400.

261. Comment se fait la division des nombres décimaux ?

262. Comment se fait la preuve de la division ?

263. Cinq litres ont coûté 45^f ; quel est le prix du litre ?

264. Quatre mètres d'étoffes ont coûté 148^f ; quel est le prix du mètre ?

265. A 465^f les 15 kilogrammes de marchandises, combien l'un ?

266. Trente-deux ouvriers ont gagné ensemble 728^f ; quel est le gain de chacun ?

267. Mon revenu annuel est de 5472^f ; combien puis-je dépenser par mois ?

268. Mon revenu annuel est de 2827^f ; combien ai-je à dépenser par jour ?

269. A 36^f le mètre d'étoffe, combien aurai-je de mètres pour 4572^f ?

270. Si un kilogramme de marchandise coûte 35^f, combien en aurons-nous pour 5040^f ?

271. En cinq mois 10 jours j'ai gagné 960^f ; combien ai-je gagné par jour ?

272. En 75 jours j'ai gagné 450^f ; combien ai-je gagné par jour ?

273. Cent chevaux coûtent 58928^f ; combien coûte l'un ?

274. Mille mètres coûtent 80^f ; combien coûte l'un ?

275. Dix objets coûtent 2800^f ; combien coûte l'un ?

276. Un objet coûte 1000^f ; combien aurai-je d'objets pour 89000^f ?

277. Quel est le prix d'un kilogramme de marchandise, lorsque les 10000 kilogrammes valent 867500 ?

278. Par quel nombre faut-il multiplier 36 pour avoir 864 ?

279. Par quel nombre faut-il multiplier 40 pour avoir 720 ?

280. Quel est le quart de 6824 ? le tiers de 4122 ?

281. Quel est le sixième de 78552 ? de 45342 ? de 7136124 ?

282. Trouvez le cinquième de 18745 ; de 49075 ; de 583780.

283. Quel est le neuvième de 279630 ? de 3492081 ?

284. Quel est le tiers de la moitié de 37482 ?

285. Trouvez le septième de 783783 ; de 431634.

286. Effectuez les opérations suivantes : 34,5 : 7,2 ; 648 : 0,25 ; 0,5 : 3,2 ; 0,65 : 0,48 ; 0,7 : 0,0025.

287. Divisez 1 par 0,00625.

288. Divisez 0,1 par 64 ; 0,05 par 625.

289. Divisez 0,003 par 250 ; 0,06 par 48.

290. Par quel nombre faut-il multiplier 8 pour avoir 0,25 ?

291. Par quel nombre faut-il multiplier 3,125 pour avoir 84 ?

292. Un livre renferme 9720 lignes ; combien y a-t-il de pages à raison de 27 lignes par page ?

293. Le double-décalitre de blé coûte 3f65 ; combien peut-on en acheter pour 829f ?

294. Combien faut-il que je vende d'hectolitres de blé à 16f75 l'un, pour avoir une somme de 648f25 ?

295. Le double-décalitre de blé pèse 15k9 ; combien y a-t-il de doubles-décalitres dans 29 sacs dont chacun pèse 95k25 ?

296. Une rame de papier contient 20 mains, et une main 25 feuilles ; combien y a-t-il de rames dans 5823 feuilles ?

297. 6 ballots de drap contiennent 12 pièces cha-

cun ; chaque pièce contient 80 mètres ; le tout coûte 6925ᶠ ; quel est le prix du mètre ?

298. Combien y a-t-il de jours dans 75829 minutes ?

299. Combien y a-t-il d'heures, de minutes et de secondes dans 6734835 secondes ?

300. Une voiture peut transporter 5 tonneaux ; chaque tonneau contient 228 litres ; combien faut-il de voitures pour transporter 1000000 litres ?

301. Un ouvrier fait 10 mètres en 8 heures ; combien lui faudra-t-il de jours pour faire 6248 mètres, en supposant qu'il travaille 12 heures par jour ?

302. Un ouvrier gagne par jour 3ᶠ75 et dépense 2ᶠ15 ; combien faut-il qu'il travaille de jours pour avoir une somme de 78ᶠ40 ?

303. Dites-moi combien j'ai d'années, sachant que j'ai vécu 10080300 minutes ?

304. Quel est le prix de 28 mètres d'ouvrage, lorsque 168 mètres ont coûté 2428 francs ?

305. Qu'appelle-t-on *système métrique* ?

306. Quelles sont les mesures qui entrent dans le système ?

307. Quels sont les noms dont on se sert pour former les multiples et les sous-multiples ?

308. Quelle est l'unité des mesures de longueur ?

309. Comment a-t-on déterminé la longueur du mètre ?

310. Combien le décamètre vaut-il de décimètres ?

311. Combien y a-t-il de centimètres dans un kilomètre ?

312. Réduisez 87ᵐ375 en centimètres.

313. Convertissez 894605 mètres en kilomètres.

314. Convertissez 21987 décamètres en myriamètres.

315. Convertissez 180845 centimètres en hecto-mètres.

316. Un décamètre d'ouvrage coûte 3ᶠ75; combien coûte le myriamètre?

317. Quel est le prix du kilom., quand le décimètre coûte 2ᶠ85?

318. A 13ᶠ25 le myriam., quel est le prix de l'hectom.?

319. A 0,75 le centimètre, quel est le prix du myriamètre?

320. A 8300ᶠ le décamètre, quel est le prix du millimètre?

321. Quelle est l'unité des mesures de *superficie?*

322. Combien le décamètre carré vaut-il de mètres carrés?

323. Combien le décamètre carré vaut-il de décimètres carrés?

324. Réduisez 4ᵐ27 en millimètres carrés.

325. Convertissez en décamètres carrés le nombre 874608 décimètres carrés?

326. Combien le myriamètre carré vaut-il de kilomètres carrés?

327. Combien le kilomètre carré vaut-il de centimètres carrés?

328. Qu'est-ce que l'*are?*

329. Quels sont les multiples et sous-multiples de l'are?

330. Combien un hectare vaut-il de mètres carrés?

331. Convertissez en hectares 78965 mètres carrés.

332. Ecrivez en chiffres huit hectares cinq ares neuf centiares.

333. Lisez le nombre suivant : 17 hectares 0087.

334. Combien y a-t-il d'ares dans un myriamètre carré?

335. Lisez le nombre suivant : 18^h 0908.

336. Combien y a-t-il de centiares dans 28048 hectares?

337. A 8^{f}75 l'are, quel serait le prix d'un champ de 3^h 0485?

338. Un pré de 187 ares a coûté 1600^f; quel est le prix de l'hectare?

339. Une surface contient 4928^h 05; combien vaut-elle de kilomètres carrés?

340. Réduisez 85^h 208 en centiares.

341. Un domaine contenant 168^h 05 doit être divisé en 15 parties égales; quelle est la contenance de chaque partie?

342. A 37^f l'are, quel est le prix de l'hectare?

343. A 8^{f}75 le mètre carré, quel est le prix de l'hectomètre carré?

344. A 187500^f le kilomètre carré, quel est le prix de l'are?

345. Quelle est l'unité des mesures de *volume* ou de *solidité?*

346. Qu'est-ce qu'un *cube?*

347. Combien le mètre cube vaut-il de décimètres cubes?

348. Combien le mètre cube vaut-il de centimètres cubes?

349. Combien le mètre cube vaut-il de millimètres cubes?

350. Combien un dixième de mètre cube vaut-il de décimètres cubes?

351. Combien un centième de mètre cube vaut-il de centimètres cubes?

352. Combien un millième de mètre cube vaut-il de millimètres cubes?

353. Convertissez 3^{m}025 en centimètres cubes.

354. Convertissez 45048339 millimètres cubes en décimètres cubes.

355. Combien y a-t-il de millimètres cubes dans 85 mètres cubes?

356. Qu'est-ce que le *stère*?

357. Combien un décistère vaut-il de centimètres cubes?

358. Convertissez 6234 mètres cubes en décistères.

359. 189 stères ont coûté 2700^f; quel est le prix du décistère?

360. A quel prix faut-il vendre le stère pour que 48 stères produisent 522^f?

361. Une coupe de bois a produit 865 stères et revient à 6546^f; combien faut-il vendre le stère pour gagner 2000^f?

362. Un mètre cube de maçonnerie coûte 72^{f}50; quel est le prix de 15^{mc}31.

363. Exprimez en mètres cubes et millimètres cubes le nombre 4^{dmc}25.

364. Quelle est l'unité des mesures de capacité?

365. Combien l'hectolitre vaut-il de centilitres?

366. Combien y a-t-il de litres dans un mètre cube?

367. Combien l'hectolitre vaut-il de doubles-décalitres?

368. Un double-décalitre de blé vaut 3^{f}05; quel est le prix de l'hectolitre?

369. Réduisez 37^{l}53 en décilitres.

370. Convertissez 48275 centilitres en hectolitres.

371. Le litre d'eau pesant un kilogramme, quel est le poids de 34^{mc}25 d'eau?

372. Combien 4^{dd}35 valent-ils de litres?

373. Combien y a-t-il de doubles-décalitres dans 78925 litres ?

374. Combien le demi-hectolitre vaut-il de doubles-décilitres ?

375. Convertissez 25 demi-décalitres en doubles-litres.

376. Combien y a-t-il de doubles-centilitres dans 69 demi-hectolitres ?

377. Combien 788 hectolitres valent-ils de demi-décilitres ?

378. Convertissez 37045 doubles-centilitres en demi-décalitres ?

379. Le litre valant 8ᶠ45, quel serait le prix de 28 doubles-décilitres ?

380. Quelle est l'unité des mesures de poids ?

381. Combien le kilogramme vaut-il de milligrammes ?

382. Convertissez 95047 centigrammes en hectogrammes.

383. Convertissez 896453 décigrammes en kilogrammes.

384. Combien pèsent 45 décimètres cubes d'eau ?

385. Combien pèsent 6ᵐᶜ45 d'eau pure ? .

386. Combien 35 quintaux métriques pèsent-ils d'hectogrammes ?

387. Un vaisseau est du port de 650 tonneaux de mer ; quel est son tonnage exprimé en doubles-kilogrammes ?

388. Convertissez 468095 demi-grammes en kilogrammes.

389. Ajoutez 35 demi-décagrammes avec 48 doubles-grammes.

390. Ôtez 44528 demi-décigrammes de 43 doubles-hectogrammes.

391. Soixante-cinq doubles-décagrammes ont coûté 18ᶠ05 ; quel est le prix du demi-hectogramme ?

392. Combien valent de demi-décagrammes 145 doubles-grammes + 1428 doubles-décigrammes ?

393. Quelle est en doubles-hectogrammes la différence entre 229 demi-kilogrammes et 6732 doubles-grammes ?

394. Additionnez 36 demi-décagrammes + 45 doubles-grammes + 7280 demi-centigrammes, et dites combien le total vaut de centigrammes.

395. Convertissez 47 doubles-kilogrammes en demi-grammes.

396. Exprimez 68^{kg}0285 en doubles-décigrammes.

397. Convertissez 6128345 doubles-milligrammes en demi-grammes.

398. Quelle est l'unité monétaire ?

399. Combien une somme de 58^f pèse-t-elle de grammes ?

400. Une somme pèse 8775 grammes ; combien contient-elle de pièces de 5 francs ?

401. Réduisez 89845 centimes en francs.

402. Combien 40289 francs pèsent-ils de kilogrammes ?

403. Un sac d'argent pèse 8^{kg}75 ; quelle somme renferme-t-il ?

404. L'or, à poids égal, valant 15,5 fois plus que l'argent, quelle serait la valeur d'un sac d'or pesant 3^{kg}645 ?

405. Combien y a-t-il de pièces de 20 francs dans une somme en or pesant 6200 grammes ?

406. Quels sont les principaux avantages du système métrique ?

407. Qu'appelle-t-on *diviseur* ou *facteur* d'un nombre ?

408. Qu'appelle-t-on *multiple* d'un nombre ?

409. Qu'appelle-t-on *sous-multiple* d'un nombre ?

410. Qu'appelle-t-on *nombre premier ?*

411. Quand est-ce que deux nombres sont *premiers* entre eux ?

412. Qu'est-ce qu'un nombre *pair ?*

413. Qu'est-ce qu'un nombre *impair ?*

414. Exposez les principes sur lesquels repose la divisibilité des nombres.

415. Quand est-ce qu'un nombre est divisible par 2 ?

416. Quand est-ce qu'un nombre est divisible par 3 ?

417. Quand est-ce qu'un nombre est divisible par 4 ?

418. Quand est-ce qu'un nombre est divisible par 5 ?

419. Quand est-ce qu'un nombre est divisible par 6 ?

420. Quand est-ce qu'un nombre est divisible par 9 ?

421. Qu'appelez-vous *diviseur commun* à plusieurs nombres ?

422. Qu'est-ce que le plus grand *commun diviseur* à plusieurs nombres ?

423. Exposez et démontrez la règle générale de la recherche du plus grand commun diviseur entre deux nombres.

424. Recherchez le plus grand commun diviseur entre les nombres 504 et 360.

425. Recherchez celui qui existe entre les nombres 375 et 630.

426. Recherchez celui qui existe entre 1332 et 2220.

427. Exposez la théorie des *fractions* ordinaires ?

428. Réduire 4 en sixièmes ; 9 en septièmes.

429. Réduisez 8 2/3 en tiers ; 16 3/4 en quarts.

430. Réduisez 19 en vingtièmes ; 25 en douzièmes.

431. Combien 12 5/6 valent-ils de sixièmes ?

432. Combien 96 1/15 valent-ils de quinzièmes ?

433. Réduisez 25 3/16 en seizièmes ; 18 7/8 en huitièmes.

434. Trouvez combien l'expression 15/3 vaut d'unités.

435. Combien l'expression 27/4 vaut-elle d'unités ?

436. Combien le nombre fractionnaire 96/11 vaut-il d'unités ?

437. Cherchez combien l'expression 1913/17 vaut d'unités.

438. Réduisez la fraction 175/500 à sa plus simple expression.

439. Réduisez les fractions 612/792, 504/864, 360/1008, 875/1525 à leur plus simple expression.

440. Que faut-il faire pour réduire deux ou plusieurs fractions au même dénominateur ?

441. Que faut-il faire pour réduire plusieurs fractions au même *numérateur* ?

442. Réduisez 2/3, 3/4 au même dénominateur.

443. Réduisez au même dénominateur 1/2, 3/5, 4/7.

444. Réduisez 2/3, 5/7, 4/11, 3/4 au même dénominateur.

445. Réduisez 1/2, 2/3, 4/5, 5/7, 6/11 au même dénominateur.

446. Réduisez au même numérateur les fractions 2/7, 3/4.

447. Réduisez au même numérateur les fractions 1/3, 2/5, 4/7, 5/6.

448. Réduisez au même numérateur les fractions 3/5, 7/8, 4/7, 1/2.

449. Réduisez au même numérateur les fractions 4/9, 8/17, 6/11, 5/12, 7/9.

450. Additionnez les fractions 3/4 et 7/9.

451. Additionnez les fractions 7/8 et 11/15.

452. Additionnez les fractions 3/4 + 7/9 + 3/7 + 4/5.

453. J'ai fait 2/5 de mètre d'ouvrage, plus 3/4 ; combien en ai-je fait en tout ?

454. Vous avez les 3/4 d'un kilogramme ; j'en ai, moi, les 5/7 ; combien en avons-nous entre nous deux ?

455. J'ai acheté 7/8 de mètre d'une certaine étoffe, plus 2/3, plus 3/5 ; combien en ai-je de mètres ?

456. Quelle est la somme des expressions 8 2/3 + 5 3/4 + 9 1/5 ?

457. J'ai 8^m 3/5 d'étoffe ; vous en avez 7^m 5/6 ; combien en avons-nous ensemble ?

458. Combien valent 7 1/2 + 3 2/3 + 5 3/5 + 8 2/7 ?

459. Un ouvrier fait 3^{m}7/8 en une heure ; un second en fait 4^m 1/3 ; un troisième 6^m 3/4 ; combien en feront-ils en une heure en travaillant ensemble ?

460. Comment se fait la soustraction des fractions ?

461. Otez 3/7 de 4/7.

462. Otez 4/9 de 5/8.

463. Quelle différence y a-t-il entre 12/25 et 14/27 ?

464. J'avais 3/5 de mètre à faire ; j'en ai fait 1/4 ; combien en ai-je encore à faire ?

465. Retranchez 3 2/3 de 5 3/4 ; 8 3/5 de 11 2/7.

466. Retranchez 6 4/5 de 8 5/9 ; 13 5/9 de 15 1/2.

467. Trouvez la différence qui existe entre 18 3/7 et 12 1/6.

468. Vous aviez 12^m 3/11 à faire; vous en avez fait 4 6/7 ; combien en avez-vous encore à faire ?

469. Que faut-il ajouter à 8 5/9 pour avoir 12 3/4 ?

470. Que faut-il ajouter à 1 15/16 pour avoir 5 ?

471. Retranchez 6 3/8 de 11.

472. Ma journée est de 10^h 3/4 ; j'ai déjà travaillé 6^h 1/3 ; combien ai-je encore d'heures de travail ?

473. Que faut-il ajouter à 0,57 pour avoir 5/8 ?

474. De combien 17/19 surpasse-t-il 0,63 ?

475. Quelle différence y a-t-il entre 3,05 et 2 3/7 ?

476. Que faut-il ajouter à 1/9 pour avoir 0,35 ?

477. Retranchez 0,78 de 13/15.

478. Retranchez 11/18 de 0,693.

479. Comment multiplie-t-on une fraction par un nombre entier ?

480. Comment multiplie-t-on une fraction par une autre fraction ?

481. Comment multiplie-t-on un nombre entier par une fraction ?

482. Multipliez 8/9 par 5 ; 4/7 par 11 ; 5/12 par 17.

483. Effectuez les produits suivants : 7/8 $\times$ 6 ; 3/4 $\times$ 15 ; 5/9 $\times$ 18 ; 7/12 $\times$ 15.

484. Pour faire un gilet il faut 3/5 de mètre d'étoffe ; combien faut-il d'étoffe pour faire 183 gilets ?

485. En une heure je fais 5^{km} 1/3 ; combien en ferai-je en 12 heures ?

486. Un ouvrier fait 7/8 de mètre par heure ; combien en fera-t-il en 9 heures ?

487. Multipliez 4/5 par 7/9 ; 3/8 par 5/11 ; 6/13 par 3/7.

488. Effectuez les produits suivants : 6/7 $\times$ 3/5 ; 8/9 $\times$ 7/15 ; 4/11 $\times$ 8/13.

489. En une heure on peut faire 6^m 2/3 ; combien en fera-t-on en 2^h 3/4 ?

490. J'ai acheté un champ qui me coûte 10000^f; j'en remets les 4/15 à un voisin; combien m'en restera-t-il et combien devra-t-il me payer?

491. Cette pièce de drap contient 98^{m}5; je vous en remets les 3/8; combien en aurez-vous et combien en restera-t-il?

492. A combien s'élèvent les 4/9 de 0,75?

493. J'avais 19^{f}50; j'en ai dépensé les 5/6; combien me reste-t-il?

494. Quels sont les 15/16 de 48?

495. Quels sont les 2/15 de 63?

496. Quels sont les 3/4 de 5/7?

497. Prenez les 2/3 des 4/5 de 6/7.

498. Réduisez les 7/8 de 5/9 en fraction de l'unité.

499. Réduisez les 3/4 des 2/5 de 8 en fraction de l'unité.

500. Quelle est la moitié du sixième de 3/4?

501. Réduisez les 5/6 des 3/7 de 4/5 en fraction de l'unité.

502. Effectuez le produit suivant : 4/5 $\times$ 3/7 $\times$ 1/11 $\times$ 13 — 17.

503. Effectuez le produit suivant : 5/6 $\times$ 3/4 $\times$ 8/15.

504. Multipliez 8 3/4 par 7 5/6; 5 3/7 par 6 2/3.

505. Multipliez 82,5 par 6 5/9; 5,2 par 7 8/15.

506. Quel est le prix de 28^m 2/3 à raison de 4^{f}75 l'un?

507. Comment divise-t-on une fraction par un nombre entier?

508. Comment divise-t-on une fraction par une autre?

509. Comment divise-t-on un nombre entier par une fraction?

510. Divisez 3/4 par 2; 5/6 par 8; 7/9 par 5.

511. Effectuez les opérations suivantes : 9/13 : 8; 6/7 : 3; 12/17 : 4; 15/16 : 5; 20/21 : 10.

512. Par quel nombre faut-il multiplier 6 pour avoir 7/11 ?

513. Divisez 8/9 par 5/6 ; 7/11 par 3/4 ; 4/5 par 2/7.

514. Par quel nombre faut-il multiplier 5/12 pour avoir 1/2 ?

515. Divisez 8 par 3/7 ; 9 par 2/3 ; 11 par 8/9.

516. Par quel nombre faut-il multiplier 3/4 pour avoir 5 ?

517. Les 7/8 d'un champ valent 1500 francs ; quel est le prix du champ entier ?

518. Les 4/15 d'un mètre d'ouvrage ont été faits en 3/4 d'heure ; combien faut-il d'heures pour faire le mètre ?

519. Vingt ouvriers ont mis 15 jours pour faire un ouvrage ; combien un ouvrier mettra-t-il de jours pour faire le même ouvrage ?

520. A 28 francs les 30 mètres, combien coûtent 75 mètres ?

521. J'ai fait 4/9 de mètre, c'est-à-dire les 3/4 de mon ouvrage ; combien en ai-je encore à faire ?

522. Comment se fait la division lorsque les fractions sont accompagnées d'entiers ?

523. Divisez 7 3/5 par 8 2/3 ; 9 4/7 par 15 3/8.

524. Par quel nombre faut-il multiplier 3 2/5 pour avoir 8 3/4 ?

525. Par quel nombre faut-il diviser 8 pour avoir 3/7 ?

526. Par quel nombre faut-il diviser 3/5 pour avoir 9 ?

527. En 7/8 d'heure je fais les 4/5 de mon ouvrage ; combien me faut-il d'heures pour faire le tout ?

528. Trois stères 7/9 coûtent 38ᶠ50 ; quel est le prix du stère ?

529. J'ai payé 21 francs pour 3/5 de mètre d'é-

toffe ; quel serait le prix de 22^m 5/9 de cette même étoffe ?

530. Avec 65 mètres d'étoffe un tailleur peut faire 80 gilets ; s'il ôte à chaque gilet 1/5 de l'étoffe qui y entre, combien pourra-t-il en faire ?

531. Les 3/4 de mes francs valent les 7/8 des vôtres, et la différence entre nos francs est 48 ; combien en avons-nous chacun ?

532. Quel est le nombre dont les 7/12 valent 63 ?

533. Quel est le nombre dont les 16/21 valent 8 2/3 ?

534. Si mon argent augmentait de son 6e j'aurais 84^f70 ; combien ai-je de francs ?

535. Un berger disait : Si le tiers de mes brebis mettait bas chacune un agneau, j'aurais 108 bêtes ; combien ai-je de brebis ?

536. Vous avez perdu 3/5 de votre argent et il vous reste 18^f ; combien aviez-vous ?

537. Ce tonneau contient 228 litres ; combien contient-il de bouteilles, en supposant que la différence entre un litre et une bouteille soit de 1/8 de litre ?

538. J'achète 168 objets pour une certaine somme ; si chaque objet augmentait de 1/3, combien en aurais-je pour le même prix ?

539. Combien faut-il de mètres de toile à 7/9 de largeur pour doubler 45 mètres de drap à 5/4 de largeur ?

540. Combien faut-il d'heures pour faire 8^m 7/9, quand on sait qu'il faut 3/4 d'heure pour en faire 1^m 2/3 ?

541. Un général a perdu 1/6 de ses soldats dans une bataille ; 1/3 de ce qui restait s'est dispersé pendant la déroute, et il reste 21000 hommes ; de combien était son armée ?

542. Je perds le tiers de mon argent par une

fausse spéculation ; les 3/4 de ce qui me reste me sont enlevés par une faillite, et il me reste 10000^f ; combien avais-je ?

543. Je n'ai que les 5/8 de ce que vous avez ; mais si on me donnait 15^f j'aurais autant que vous ; combien avons-nous chacun ?

544. Trouvez en secondes les 5/6 de 8^h 11'.

545. Quels sont en minutes les 7/8 de 3j 5^h 24' ?

546. Par combien faut-il diviser 618' pour avoir 3^h 7/8 ?

547. En 4^h 15' j'ai fait les 5/9 de mon ouvrage ; combien emploierai-je de temps pour le faire en entier ?

548. Vous mettez 5^h pour faire l'ouvrage que je fais en 4^h ; combien y mettrons-nous de temps si nous travaillons ensemble ?

549. Pierre et Jacques ont autant l'un que l'autre ; Pierre perd 1/5 de son argent, Jacques 1/4 ; ensemble ils perdent 45^f ; combien avaient-ils ?

550. Un robinet remplit un bassin en 7^h ; une ouverture le vide en 8^h ; combien faut-il d'heures pour le remplir, l'eau coulant par les deux ouvertures à la fois ?

551. Un 1er ouvrier emploie 8^h pour faire un ouvrage ; un 2e emploie 7^h ; un 3e emploie 6^h ; combien, en travaillant ensemble, mettront-ils d'heures pour faire le même ouvrage ?

552. Cet homme dépense en 10j ce qu'il gagne en 9 ; combien lui faudra-t-il de temps pour économiser 1500^f, ses journées étant de 3^{f}75 ?

553. Le plancher d'une salle a 8^m 1/5 de largeur et 15^m 3/4 de longueur ; combien me faut-il de toile qui a 5/6 de largeur pour le couvrir entièrement ?

554. Je donne 4^f par jour à chaque ouvrier ; si j'avais 3/5 de plus d'ouvriers, je dépenserais 1600^f ; combien ai-je d'ouvriers ?

555. La somme de deux nombres est 24 : le premier est 7 fois plus grand que le second ; quels sont ces deux nombres ?

556. La différence entre deux nombre est 35 ; le quotient du premier par le second est 8 ; quels sont ces deux nombres ?

557. Quel est le nombre dont le produit par 3/4 étant divisé par 5/6 donne 45 ?

558. Si j'avais 200^f mon argent serait augmenté du tiers ; combien ai-je de francs ?

559. Si j'avais 144^f mon argent serait diminué d'un quart ; combien ai-je de francs ?

560. J'ai dépensé les 4/15 de mon argent, il me reste 22^{f}60 ; combien avais-je ?

561. Un ouvrier fait 8^m 3/4 en 2^h 1/2 ; un autre fait 6^m 2/3 en 1^h 1/4 ; combien mettront-ils d'heures en travaillant ensemble pour faire 25^{m}75 ?

562. Que faut-il faire pour réduire une fraction ordinaire en fraction décimale ?

563. Réduisez en décimales les fractions 0,75 ; 0,089 ; 0,00783 ; 0,00708904.

564. Réduisez 7/8 en millièmes.

565. Convertissez 9/40 en millièmes.

566. Réduisez 5/16 en dixmillièmes.

567. Combien 7/25 valent-ils de centièmes ?

568. Réduisez 317/625 en dixmillièmes.

569. Combien y a-t-il de centimètres dans 5/7 de mètres ?

570. Combien 7/15 de mètre valent-ils de millimètres ?

571. Trouvez la valeur de 19/21 à un demi-centième près.

572. Trouvez la valeur de 13/15 à un demi-millième près.

573. Quelle est la valeur de 29/30 à un demi-dix-millième près ?

574. Si 7/12 de mètres ont coûté 18^f, quel est le prix de 0^{m}85 ?

575. Trouvez la valeur de 3/28 de mètre à moins d'un millionième près.

576. Comment fait-on pour convertir une fraction décimale en fraction ordinaire ?

577. Réduisez 0,64 en fraction ordinaire.

578. Convertissez 0,725 en fraction ordinaire.

579. Réduisez 0,03125 en fraction ordinaire.

580. Réduisez 0,00128 en fraction ordinaire.

581. Combien 0,0064 valent-ils en fraction ordinaire ?

582. Combien 0,0625 de mètre valent-ils en fraction ordinaire du mètre ?

583. Combien 0,875 d'heure valent-ils en fraction d'heure ?

584. Le sucre vaut 1^{f}65 le kilogramme ; le café vaut 4^{f}75 le kilogramme ; combien faut-il de kilog. de sucre pour valoir 185^{k}808 de café ?

585. Combien faut-il de mètres de satin à 3^{f}75 pour valoir 208^m de soie à 6^{f}40 ?

586. Combien me donnerez-vous de mètres de drap à 16^f pour 800^m de toile à 1^{f}75 le mètre ?

587. J'échange du satin contre du drap ; le drap vaut 17^f le mètre, mais en échange le marchand en veut 18^{f}50 ; à combien dois-je porter le prix de mon satin, qui vaut 6^{f}50 le mètre ?

588. Combien faut-il de litres de vin à 3^{f}75 pour valoir 240 litres à 3^f ?

589. Vingt-cinq mètres de toile valent 8 mètres de drap ; 9 mètres de drap valent 20 mètres de satin ; combien faut-il de mètres de toile pour valoir 100 mètres de satin ?

590. Mon voisin ne veut prendre en échange qu'au prix de 15^f le kilog. mon café qui vaut 5^{f}75 ; à combien faut-il que je prenne son sucre qui vaut 1^{f}75 le kilogramme ?

591. Je veux échanger un pré contre une vigne ; l'are de vigne vaut 4 1/8 fois plus que l'are de pré ; combien donnerai-je d'ares de pré pour 187 ares de vigne ?

592. Trois kilog. de café valent 11 kilog. de sucre ; 16 kilog. de sucre valent 7 kilog. de chocolat ; combien 28 kilog. de café vaudront-ils de kilog. de chocolat ?

593. Trente-six de mes bœufs valent 306 de vos moutons ; combien me donnerez-vous de moutons en échange de 124 de mes bœufs ?

594. J'estime autant 8 douzaines de pommes que 55 oranges, et autant 20 oranges que 72 poires ; combien me donnerez-vous de poires pour 9 douzaines de pommes ?

595. Un marchand de vin achète 28^{m}75 de drap à 22^{f}50 le mètre, et donne en échange 6 pièces de vin ; quel est le prix d'une pièce de vin ?

596. Un marchand mêle ensemble 8 litres de vin à 0^{f}75 et 12 litres à 0^{f}50 ; quel est le prix d'un litre du mélange ?

597. On mêle 15 litres de vin à 0^{f}40 avec 3 litres d'eau ; quel est le prix d'un litre du mélange ?

598. On a du vin à 0^{f}80 le litre et du vin à 0^{f}65 ; combien faut-il mêler de litres de chaque qualité pour avoir du vin qui se vende 0^{f}70 ?

599. On a mêlé 35 litres de vin à 0^{f}60, 40 litres à 0^{f}25, 25 litres à 0^{f}80 ; quel est le prix d'un litre du mélange ?

600. Combien faut-il mêler d'eau à 100 litres de vin du prix de 0^{f}75, pour avoir du vin qui se vende 0^{f}65 ?

601. On a mélangé 35 doubles-décalitres de blé à 3^{f}85 avec 39 doubles-décalitres à 3^{f}45 ; quel est le prix de l'hectolitre du mélange ?

602. Quinze litres d'eau de mer contiennent 1

kilog. de sel ; combien faut-il y mêler d'eau douce pour que 15 litres du mélange ne contiennent plus qu'un hectog. de sel?

603. J'ai du vin à 3ᶠ25 et du vin à 2ᶠ50; combien faut-il prendre de l'un et de l'autre pour avoir 200 litres qui se vendent 3ᶠ10 le litre?

604. J'allie 125 kilog. de cuivre à 3ᶠ80 avec 15 kilog. de zinc à 0ᶠ75 ; quel est le prix d'un kilog. de l'alliage, en ne supposant aucun déchet?

605. J'allie 928 kilog. de cuivre à 3ᶠ95 avec 132 kilog. d'étain à 2ᶠ50; quel est le prix du kilog. de l'alliage, en supposant que chaque kilog. ait subi 1/2 pour cent de déchet?

606. Je mélange 629 doubles-décalitres de blé à 3ᶠ75 avec 531 doubles-décalitres à 3ᶠ50; quel est le prix d'un double-décalitre du mélange, en supposant que chaque double-décalitre ait subi 1/8 pour cent de déchet?

607. On a du vin à 0ᶠ40 et du vin à 0ᶠ75 ; combien faut-il prendre de litres de l'un et l'autre pour avoir 228 litres à 0ᶠ55?

608. Quel est l'intérêt annuel d'une somme de 800ᶠ placée à 5 %?

609. Quel est l'intérêt après six mois de 12500ᶠ placés à 6 %?

610. Une somme de 8040ᶠ est restée 9 mois placée à 6 % par an ; quel est l'intérêt?

611. On demande l'intérêt de 2500ᶠ pendant 7 mois 1/2, à 5 % par an?

612. On demande l'intérêt de 840ᶠ pendant 4 mois 1/5, à 6,5 % par an?

613. Je place à 5 % une somme de 1845 francs ; combien doit-on me rendre après 2 ans et 5 mois?

614. Combien vaut après 17 mois une somme de 4925 francs placée à 5 1/4 % par an?

615. Combien rapporte par jour une somme de 100000 francs placée à 4 1/2 % par an?

616. Cette marchandise m'a coûté 800 francs ; combien dois-je la revendre pour gagner 15 %?

617. J'ai acheté 875 mètres de drap pour la somme de 4935 francs ; combien dois-je revendre le mètre pour gagner 20 %?

618. J'ai acheté une maison en construction pur la somme de 58975 francs ; je la revends trois mois après 60000 francs ; quel est mon gain ou ma perte ?

619. J'achète pour 4500 francs de la marchandise que je revends 5200 francs huit mois après ; quel est mon bénéfice ?

620. Je prête 984ᶠ ; à la fin de l'année on me rend 1033ᶠ20 ; quel est le taux de l'intérêt ?

621. A quel taux faut-il prêter 1800ᶠ pour retirer 1908 après un an ?

622. Mon domaine vaut 10080ᶠ ; il me rapporte 352ᶠ80 ; à quel taux mon argent est-il placé ?

623. J'ai prêté 10000ᶠ pour 5 mois ; on me donne 250ᶠ d'intérêt ; on demande quel est le taux ?

624. 800ᶠ prêtés pendant 7 mois 1/2 ont rapporté 27ᶠ ; quel est le taux de l'intérêt ?

625. A quel taux faut-il placer 1800ᶠ pour retirer 1860ᶠ75 après neuf mois ?

626. Après deux ans et cinq mois 4800ᶠ ont rapporté 725ᶠ ; quel est le taux de l'intérêt ?

627. A quel taux faut-il que je place mes 22812ᶠ 50 pour avoir 3ᶠ50 par jour ?

628. A quel taux faut-il placer 1200ᶠ pour retirer 1231ᶠ50 après 7 mois ?

629. Ma maison me coûte 67829ᶠ ; j'en retire 3900ᶠ de loyer ; à quel taux mon argent est-il placé ?

630. Quelle somme faut-il à 6 % pour retirer 51ᶠ d'intérêts après un an ?

631. Mon argent est placé à 5 % et me rapporte 1880ᶠ ; quel est mon capital ?

632. Quel est le capital qui, placé à 5%, rapportera 76f25 après un an ?

633. Quel est le capital qui, placé à 6 %, rapportera 28f après 7 mois ?

634. Mon domaine, amodié à raison de 3f5 %, me rapporte 624f05 ; quelle est sa valeur ?

635. Quel est le capital qui, placé à 4f50 %, rapportera 20f25 après neuf mois ?

636. Quel est le capital qui, placé à 3f 2/3 %, rapportera 40f25 après un an et 3 mois ?

637. Je place une somme à 5 % et après un an je retire 630f, intérêts et capital ; quelle est cette somme ?

638. Quel est le capital qui, placé à 5 %, vaut après un an 5040f, intérêts et capital ?

639. J'achète une maison que je revends 17278f ; je gagne 6 % sur le prix d'achat ; combien me coûte-t-elle ?

640. Je revends pour 1800f de la marchandise sur laquelle je gagne 20 % ; combien m'a-t-elle coûté ?

641. Je revends pour 89645f un domaine sur lequel je gagne 25 % ; combien m'a-t-il coûté ?

642. Quel est le capital qui, placé à 5 %, vaut après 7 mois 555f75, capital et intérêts ?

643. J'achète un domaine que je revends 64200f en gagnant 7 % ; quel est le prix de mon domaine ?

644. J'achète un cheval que je revends 629f80 ; je perds à ce marché 6 % ; combien ce cheval m'a-t-il coûté ?

645. J'achète un objet que je revends 109f20 ; à ce marché je perds 35 % ; quel est le prix de cet objet ?

646. Quel est le capital qui, placé à 4f50, vaudra après 11 mois 916f30, y compris les intérêts ?

647. Je forme une entreprise avec une certaine mise de fonds ; après 8 mois je me retire avec 11520^f après avoir perdu 36 %. On veut savoir : 1° quelle est la mise de fonds ; 2° quelle est la perte réelle.

648. Après 5 mois je retire de mon entreprise, capital et bénéfice à 16 % compris, 261000^f ; quelle est ma mise de fonds et quel est mon véritable bénéfice ?

649. Combien faut-il que 800^f restent placés de temps à 5 % pour rapporter 50^f ?

650. 1200^f placés à 5^{f}50 % ont rapporté 16^{f}50 ; combien sont-il restés de temps ?

651. Après combien de mois une somme de 4000^f vaudra-t-elle 4525^f, à raison de 4^{f}50 % ?

652. Combien faut-il de temps pour qu'une somme de 6000^f, placée à 5 %, rapporte 625^f ?

653. Après 10 mois et 6 jours, je retire 1684^{f}82, provenant d'un capital que j'ai placé à 6^{f}20 % ; quel est ce capital ?

654. Quel est le capital qui, placé à 3^{f}70, vaut après 5 mois 609^{f}25 ?

655. J'achète un domaine que je revends 9256^{f}50 ; je gagne 8^{f}90 % ; quel est le prix d'achat ?

656. En vendant mon cheval 843^{f}75, je gagne 12^{f}50 % ; combien m'a-t-il coûté ?

657. Qu'appelle-t-on *rapport* ou *raison ?*

658. Combien y a-t-il de sortes de rapports ?

659. Qu'appelle-t-on *antécédent, conséquent ?*

660. Quand est-ce qu'un rapport arithmétique ne change pas ?

661. Quand est-ce qu'un rapport géométrique ne change pas ?

662. Comment s'obtient la raison d'un rapport arithmétique ?

663. Comment s'obtient la raison d'un rapport géométrique ?

664. Qu'appelle-t-on *proportion ?*

665. Comment s'écrit une proportion géométrique ?

666. Quelle est la propriété fondamentale des proportions ?

667. Trouvez le quatrième terme de la proportion 12 : 16::21 : x.

668. Trouvez le troisième terme de la proportion 15 : 20::x : 24.

669. Trouvez le deuxième terme de la proportion 18 : x::30 : 25.

670. Trouvez le premier terme de la proportion x : 28::12 : 14.

Résolvez par les proportions les problèmes suivants (1) :

671. Vingt-cinq mètres coûtent 83ᶠ; quel est le prix de 59 mètres ?

672. A 90ᶠ les 168 litres, quel est le prix de 250 litres ?

673. Quarante-huit ouvriers gagnent 658ᶠ75 ; combien gagnent 69 ouvriers ?

674. Il faut 653 mètres pour habiller 150 hommes ; combien en faut-il pour en habiller 208?

675. En 17 heures vous avez fait 106 lieues ; combien en ferez-vous en 26 heures ?

676. Pour faire 328 mètres il a fallu 160 heures ; combien faut-il d'heures pour faire 1000 mètres ?

677. Pour 45ᶠ j'ai acheté 27ᵐ d'étoffe ; combien en puis-je acheter pour 24ᶠ ?

678. Par combien faut-il multiplier 8 pour avoir 70,20 ?

---

(1) Les instituteurs feront bien de faire résoudre de nouveau ces questions sans employer les **proportions**.

679. Quarante ouvriers ont employé 15^h pour faire un ouvrage ; combien 48 mettront-ils de temps pour faire le même ouvrage ?

680. Une maison a été bâtie en 72 jours par 90 ouvriers ; combien aurait-il fallu d'onvriers pour la bâtir en 54 jours ?

681. Une garnison assiégée a pour 120 jours de vivres, et elle doit tenir 150 jours ; à combien faut-il réduire la ration de chaque homme ?

682. Douze cents soldats ont pour 80 jours de vivres ; il leur arrive un renfort de 300 hommes ; combien dureront les vivres ?

683. Un général emploie 1500 hommes pour élever un retranchement en 20 jours ; comme il doit être attaqué dans 12 jours, combien doit-il mettre d'hommes pour terminer l'ouvrage ?

684. On emploie 120^m de drap à 5/6 de large ; combien en emploierait-on s'il avait 1^m de large ?

685. Une garnison de 3000 hommes est assiégée et n'a plus que pour 45 jours de vivres ; à combien faut-il les réduire pour que les vivres durent 72 jours ?

686. Un tapis a 8^m 3/4 de long sur 2^m 1/8 de large ; combien faut-il de mètres de toile à 5/6 de large pour le doubler ?

687. Avec une certaine quantité d'étoffe on peut faire 52 gilets ; combien en ferait-on si on réduisait chaque gilet d'un cinquième ?

688. Calculez le quatrième terme de la proportion 1 3/4 : 2 :: 8 2/3 : x.

689. Quel est le deuxième terme de la proportion 3 1/6 : x :: 8 5/6 : 1 ?

690. Calculez le troisième terme de la proportion 8,5 : 3 1/7 :: x : 4,9.

691. Quel est le premier terme de la proportion x : 0,5 :: 0,9 : 0,24 ?

692. En 8^h 20' j'ai fait 3^m 2/3; combien en ferai-je en 15^h 3/4 ?

693. En travaillant 9^h 1/2 par jour il me faut 40 jours pour faire mon ouvrage ; en combien de jours le ferai-je si je travaille 10^h 3/4 par jour ?

694. En 8^h 2/3 je fais 6^{m}5 ; combien me faut-il de temps pour faire 21^m ?

695. En travaillant 12^j 5^h, 48 ouvriers ont pu faire mon ouvrage ; combien faut-il d'ouvriers pour faire le même ouvrage en 5j4^h ? (On suppose que la journée de travail dure 12 heures.)

696. En 2^h 3/4 je fais 16^{m}5 ; combien en ferai-je en 4^h 1/5 ?

697. Huit ouvriers travaillant pendant 15 jours ont fait 540^m d'ouvrage ; combien 12 ouvriers en feront-ils en 18 jours ?

698. Vingt-quatre ouvriers travaillant pendant 20 jours ont fait 600^m d'ouvrage ; combien faut-il d'ouvriers pour faire 600^m en 15 jours ?

699. Seize ouvriers ont fait 480 mèt. en 25 j.; combien 30 ouvriers mettront-ils de jours pour en faire 640, en supposant qu'ils travaillent 12 h. par jour?

700. Dix-huit ouvriers travaillant 10 h. par jour pendant 48 jours ont fait 720 m. d'ouvrage ; combien faudrait-il d'ouvriers travaillant 12 heures par jour pour faire 1200 mètres en 60 jours ?

701. Partager 1500^f entre trois personnes, de telle sorte que la première ait les 3/4 de la seconde et la seconde les 5/6 de la dernière.

702. Deux joueurs s'associent : le premier met 25^f, le deuxième 30^f; ils gagnent 90^f; combien revient-il à chaque joueur?

703. Partager 1800^f en parties proportionnelles aux nombres 3, 4, 5.

704. Partager 2466^{f}20 en parties proportionnel-les aux nombres 3/7, 5/8.

705. Partager 422ᶠ45 en parties proportionnelles aux nombres 1/2, 3/4, 5/6, 7/8.

706. Un mourant laisse par testament une somme de 18950ᶠ à trois héritiers, de telle sorte que la part du premier soit les 4/5 de celle du second, et que le second ait 428ᶠ de plus que le troisième.

707. Partager 48000ᶠ entre 4 personnes de manière que chacune d'elles ait 1500ᶠ de plus que la suivante.

PROBLÈMES DIVERS,

708. Quel est le nombre qui surpasse les 7/12 de 168?

709. Un père a 38 ans et son fils en a 12; dans combien d'années l'âge du père sera-t-il le double de celui du fils?

710. Un joueur perd les 5/6 de son argent, plus 18ᶠ, et il lui en reste 1/9; on demande combien il avait.

711. Trouver un nombre qui surpasse ses 3/7 de 48.

712. Une personne fournit 3 mètres de drap, une deuxième en fournit 4; on fait 3 habits, dont l'un se vend 98ᶠ; combien revient-il à chaque personne?

713. Réduire les fractions 7/8 et 11/12 au même numérateur.

714. Convertir 3/4 en vingt-quatrièmes.

715. Convertir 5/6 en dix-huitièmes.

716. Combien 11/15 valent-ils de soixante-quinzièmes?

717. Combien 3/4 valent-ils de quarante-neuvièmes?

718. Convertir 7/8 en trente-sixièmes.

719. Convertir 3 2/3 en quarts.

720. Combien 8 3/7 valent-ils de sixièmes?

721. Combien 9 3/16 valent-ils de soixantièmes?

722. Il a fallu $3^h1/2$ à un robinet pour remplir les 3/8 d'un bassin; combien faudrait-il de temps pour en remplir les 5/7?

723. Par quel nombre faut-il multiplier 3/4 pour avoir 19 1/2?

724. Partager 144^f entre trois personnes, de telle sorte que la première ait les 2/3 de ce qu'a la deuxième, et la deuxième 60^f de moins que la troisième.

725. Un voyageur fait $9^{km}1/2$ par heure; 6 heures après lui part un second voyageur qui fait $11^{km}3/4$ par heure; on demande à quelle distance le second atteindra le premier.

726. Un père a 64 ans et son fils 18; dans combien d'années l'âge du père sera-t-il le triple de celui du fils?

727. Un vase contient 400 litres; un robinet y verse $3^l1/7$ par minute; une ouverture pratiquée au fond en vide $2^l1/5$; en combien de minutes le vase supposé vide sera-t-il rempli?

728. Une somme mise dans le commerce est augmentée de ses 3/5 et vaut 30000^f; quelle était la somme primitive?

729. Une somme augmente chaque année d'un quart; au bout de 3 ans elle s'élève à 78125^f; quelle était cette somme?

730. Une somme augmente chaque année d'un cinquième, après 4 ans elle s'élève à 72576^f; quelle était cette somme?

731. Je veux donner 8 sous à chaque pauvre et il me manque 15 sous; je leur donne à chacun 7 sous et il m'en reste 12; combien ai-je de sous et combien y a-t-il de pauvres?

732. Un homme charitable donne 6ᶠ aux pauvres et Dieu double ce qui lui reste ; il donne de nouveau 12ᶠ aux pauvres et Dieu double ce qui lui reste. Il se trouve alors avoir 36ᶠ ; quelle somme avait-il ?

733. Un double-décalitre de blé coûte 3ᶠ45 ; combien aura-t-on de doubles-décalitres de litres et parties décimales du litre pour 36ᶠ ?

734. En une heure on gagne 1ᶠ75 ; combien faut-il d'heures pour gagner 48ᶠ ?

735. Je donne par jour 171ᶠ à 39 ouvriers, tant hommes que femmes ; les hommes ont 5ᶠ par jour et les femmes 3ᶠ ; combien y a-t-il d'hommes et de femmes ?

736. On propose de partager 8ʰ54′ en 7 parties égales.

737. Diviser 9ʰ25′45′ en 5 parties égales.

738. Trouver combien 18ʰ05′27″ contiennent de fois 4ʰ35′.

739. Par quel nombre faut-il multiplier 3ʰ25′ pour avoir 17ʰ 3/4 ?

740. Une locomotive emploie, pour parcourir 1ᵏ 1/2, 2′35″ ; combien mettra-t-elle pour parcourir 168ᵏ5 ?

741. Une locomotive a parcouru 49ᵏ58 en 1ʰ18′ ; combien parcourt-elle de kilomètres en une heure ?

742. Partager un arc de cercle de 68°45′ en 6 parties égales.

743. Combien dans un arc de 85° y a-t-il d'arcs de 11°35′ ?

744. Quel arc faut-il ajouter à celui de 25°36′ pour avoir un arc de 49°24′32″ ?

745. Combien la circonférence renferme-t-elle d'arcs de 25° ?

746. Combien la circonférence vaut-elle d'arcs de 8°30′ ?

747. Si on partage la circonférence en 80 arcs, combien chacun de ces arcs contiendra-t-il de degrés et de minutes ?

748. En 4ʰ25' un ouvrier peut faire son ouvrage ; combien lui faudra-t-il de temps pour en faire le 1/5 ?

749. Un arc de circonférence de 15°32' a 45 mètres de longueur ; quelle serait la longueur d'un arc de même circonférence qui aurait 38°50' ?

750. Que faut-il ajouter à 6ʰ24'36" pour avoir 8ʰ15'18" ?

751. Que faut-il ôter à 10ʰ9' pour avoir 7ʰ34'19" ?

752. Une roue de bateau à vapeur fait 45 tours par minute ; combien fera-t-elle de tours en 3ʰ25'37" ?

753. Par combien faut-il diviser 8ʰ16' pour avoir 2ʰ48' ?

754. Combien faut-il ôter de degrés, de minutes et de secondes à un arc de 65°48'39" pour avoir un arc de 18°53'47" ?

755. Partager 18ʰ7'30" en parties égales, de manière que chaque partie ait 1ʰ6'30" ; combien y aura-t-il de parties ?

756. Quel est à un dix-millième près l'intérêt de 3ᶠ75 à 4 %ₒ après 3 quinzaines de jours ?

757. Quel est à un dix-millième près l'intérêt de 6ᶠ25 à 4 %ₒ après 9 quinzaines de jours ?

758. Un père a 35 ans et son fils 13 ; combien y a-t-il d'années que l'âge du fils n'était que le tiers de celui du père ?

759. Devinez le nombre de mes pièces de 20 fr., sachant que si j'en avais encore les 3/4 plus 25 j'en aurais 109.

760. Soixante ouvriers ont mis 27 jours pour faire 150 mètres d'ouvrage ; combien 45 ouvriers mettront-ils de jours pour en faire 225 ?

761. J'ai vendu un cheval 514^f ; si je l'avais vendu 59^{f}60 de plus j'aurais gagné 20 % sur le prix d'achat ; combien ai-je acheté mon cheval ?

762. Un père donne à son fils 15 décimes toutes les fois qu'il obtient un billet de satisfaction et lui retire 9 décimes toutes les fois qu'il n'en obtient pas ; après 36 semaines l'enfant reçoit 25^{f}20 ; combien a-t-il apporté de billets de satisfaction ?

763. Chaque jour de travail j'économise 7^f ; chaque jour de repos je dépense 4^f ; au bout du mois j'ai 45^f de reste ; combien ai-je travaillé de jours ?

764. Deux voyageurs, partant de deux points éloignés de 128 kilomètres, vont à la rencontre l'un de l'autre ; le premier fait 4^{k}5 par heure, et le second en fait 5 2/3 ; on demande à quelle distance des points de départ ils se rencontreront.

765. Un héritage de 48000^f est partagé entre 4 héritiers : le premier en a le 1/2, le second le 1/4, le troisième le 1/5, le quatrième le reste ; on demande quelle est la part de chacun.

766. Trois personnes se partagent un héritage de 36000^f en parties qui soient entre elles comme les nombres 2, 3 et 4 ; on demande combien chacun doit à l'administration des domaines, sachant que le droit proportionnel est de 8^{f}50.

767. Quel est le nombre dont les 3/4 et les 4/5 forment 248^f ?

768. Un ouvrier peut faire un ouvrage en 5 heures, un autre peut le faire en 3 heures ; combien mettront-ils de temps pour le faire en travaillant ensemble ?

769. J'ai du vin qui vaut 0^{f}75 le litre, j'en ai d'autre qui vaut 0^{f}30 ; combien faut-il de l'une et de l'autre qualité pour avoir 300 litres qui se vende 0^{f}55 ?

3.

770. Deux marchands font société pour une entreprise : le premier apporte 10000ᶠ qui restent un an dans la société, le second 8000ᶠ qui restent 15 mois; les bénéfices s'élèvent à 18000ᶠ; combien revient-il à chacun ?

771. Cinq mètres de satin valent 6 mètres de gros de Naples, et 7 mètres de cette dernière étoffe valent 2 mètres de drap; combien 12 mètres de satin valent-ils de mètres de drap?

772. Quel est le nombre qui, augmenté de ses 3/4 plus 9 unités, vaut 30?

773. Un ouvrier économise 4ᶠ par jour de travail et se trouve de 3ᶠ en arrière chaque jour de repos; après 48 j. il a 31ᶠ; combien a-t-il travaillé de jours?

774. L'air, à volume égal, pèse 773 fois moins que l'eau; on demande le poids de 42 mètres cubes d'air?

775. Un volume d'air pèse 75 grammes; combien y en a-t-il de litres?

776. Combien faut-il de mètres cubes d'air pour peser autant que 25ˡ48 d'eau?

777. L'or pèse 19 fois plus que l'eau; combien pèse-t-il de fois plus que l'air?

778. On propose de partager 12000ᶠ en trois parties, telles que la 1ʳᵉ soit à la 2ᵉ comme 4 : 5, et que la 2ᵉ soit à la 3ᵉ comme 3 : 4; quelles sont ces parts?

779. Quatre héritiers ont à se partager une somme de 100000ᶠ en parties proportionnelles aux nombres 1, 2, 3, 4; combien doivent-ils payer à l'enregistrement, sachant que le droit est de 7ᶠ75 %.

780. Combien paieraient-ils si l'héritage se montait à 5400ᶠ, et que le droit ne fût que de 4ᶠ90 pour cent?

781. Le double-décalitre de blé pèse 15ᵏᵍ 1/2;

combien y a-t-il de doubles-décalitres dans dix-neuf sacs pesant chacun 100^{kg}?

782. Deux hommes ont dépensé 180^f ; le premier a dépensé 1/4 de plus que l'autre ; combien chacun a-t-il dépensé ?

783. La dépense d'un homme dépasse celle de sa femme de 1/5 ; combien ont-ils dépensé chacun, sachant que la dépense totale s'élève à 682^f ?

784. Ma fortune a diminué de ses 5/18, et il me reste 91000^f ; combien avais-je ?

785. Un degré du méridien a 25 lieues ; combien un arc de 6°25' a-t-il de lieues ?

786. Le soleil paraît s'avancer de 15 degrés en une heure ; de combien de degrés s'avance-t-il en 3^h 45' ?

787. Quand il est midi dans le lieu A, il est 5 heures du soir dans le lieu B ; quelle est la différence de leurs méridiens ?

788. Quand il est midi dans le lieu C, il est 4 heures du matin dans le lieu D ; quelle est la différence de leurs méridiens ?

789. Il y a entre les méridiens de deux villes une différence de 42° 15' ; quelle heure est-il dans la seconde, située à l'ouest, quand il est midi dans la première ?

790. En 2^h 4/5 je puis faire 100 mètres ; combien en ferai-je en 3^h 28' ?

791. Une locomotive parcourt 1 kilomètre en 1' 1/2 ; combien parcourt-elle de kilomètres en 3^h 50' ?

792. Combien lui faudra-t-il de temps pour parcourir 178 kilomètres ?

793. J'ai du blé à 18^f l'hectolitre et une autre qualité à 20^f ; combien faut-il prendre de l'un et de l'autre pour avoir 80 hectolitres à 19^{f}20 l'hectolitre ?

794. Quelle fraction le nombre 180 est-il du nombre 300 ?

795. Quelle est la fraction qui surpasse 1/7 de 5/12 ?

796. Quel est le nombre qui surpasse de 13 les 3/4 de 127 ?

797. Mon champ contient 8 hectares trois ares 9 centiares ; il me coûte 20000^f ; à combien revient l'are ?

798. Ce champ me revient à 12^{f}50 l'are et me coûte 15800^f ; combien contient-il d'ares ?

799. Quinze ouvriers pourraient faire mon ouvrage en 8^h 35' ; combien faut-il que j'emploie d'ouvriers pour le faire en 5^h 1/2 ?

800. En divisant par 4 le nombre auquel je pense, et multipliant le quotient par 5 on a 35 ; quel est le nombre pensé ?

801. Les 2/7 d'un nombre augmenté de ses 3/4 surpassent ce nombre de 10 ; quel est-il ?

802. Qu'appelle-t-on *puissance* d'un nombre ?

803. Qu'appelle-t-on *exposant ?*

804. Qu'appelle-t-on *carré* d'un nombre ?

805. Qu'est-ce que la *racine carrée* d'un nombre ?

806. De quel signe se sert-on pour indiquer la racine carrée ?

807. Qu'est-ce qu'un *carré parfait ?* Qu'est-ce qu'un nombre *irrationnel* ou *incommensurable ?*

808. Comment forme-t-on le carré d'un nombre ?

809. De quelles parties se compose le carré d'un nombre qui contient des dizaines et des unités ?

810. Exposez la théorie de l'extraction de la racine carrée d'un nombre entier.

811. Comment extrairiez-vous la racine carrée d'un nombre entier à moins d'un dixième, d'un centième, d'un millième, etc. près ?

812. Comment extrairiez-vous la racine carrée

d'un nombre entier à moins d'un vingtième près?

813. Comment extrait-on la racine carrée d'une fraction? — d'un nombre décimal?

814. Qu'est-ce que le *cube* d'un nombre?

815. Qu'appelle-t-on *racine cubique* d'un nombre?

816. De quel signe se sert-on pour indiquer la racine cubique d'un nombre?

817. De quelles parties se compose le cube d'un nombre lorsque la racine se compose de dizaines et d'unités?

818. Exposez la théorie de l'extraction de la racine cubique des nombres entiers.

819. Comment extrait-on la racine cubique d'un nombre à moins d'une unité fractionnaire donnée?

820. Comment extrait-on la racine cubique d'un nombre décimal?

821. Comment extrait-on la racine cubique d'une fraction?

822. Extrayez la racine carrée de 4096.

823. Quel nombre faut-il élever au carré pour avoir 20736?

824. Extrayez la racine carrée des nombres suivants : 1764; 142884; 15625; 1890625.

825. Quel est le nombre qui, multiplié par lui-même, donne 0,01?

826. Extrayez la racine carrée de 1,21?

827. Extrayez la racine carrée des nombres suivants : 0,0144; 17,64; 10,89; 0,5184.

828. Extrayez à un millième près la racine carrée de 8.

829. Quel est, à un soixantième près, le nombre qui, multiplié par lui-même, reproduit 45?

830. Extrayez, à un soixante-quinzième près, la racine de 27.

3..

831. Extrayez, à un centième près, la racine des nombres suivants : 6,489; 0,75; 1,25; 6412,5.

832. Extrayez la racine carrée de 3/4 à un quinzième près.

833. Extrayez la racine carrée de 7/8 à un centième près.

834. Extrayez la racine carrée de 15/26 à un millième près.

835. Quelle est la racine carrée de 0,1 à un dix-millième près?

836. Extrayez la racine cubique des nombres suivants : 1728; 13824; 5832; 157464; 15625; 421875.

837. Extrayez la racine cubique de 487572 à un demi-centième près.

838. Extrayez, à un demi-millième près, la racine cubique des nombres suivants : 75; 138; 7629; 1524316; 7129.

839. Extrayez, à un demi-centième près, la racine cubique des nombres suivants : 0,83; 6,25; 18,732; 0,01; 7,92; 3143,7; 0,0648.

840. Extrayez la racine cubique de 36 à un soixante-cinquième près; celle de 14 à un quatre-vingtième près.

841. Extrayez, à un millième près, la racine cubique des fractions suivantes : 11/27; 19/64; 3/4; 7/8; 15/28; 13/25; 7/12.

842. Extrayez, à un demi-centième près, la racine cubique des nombres suivants : 5 2/3; 128 4/5; 2 7/9; 15 3/16; 36 5/19.

843. On propose de partager 51 en deux facteurs qui soient entre eux comme 17 : 12.

844. Partagez 1152 en deux facteurs proportionnels aux nombres 8 et 9.

845. Partagez 6480 en deux facteurs proportionnels aux nombres 4 et 5.

PROBLÈMES SUR LES SURFACES
ET LES SOLIDES.

846. Trouvez, en mètres carrés, la surface d'un parallélogramme qui a 2^{m}3 de long sur 1^{m}7 de large.

847. Quelle est, en décimètres carrés, la surface d'un rectangle qui a 4^{m}28 de long sur 3^{m}2 de large ?

848. La surface d'un rectangle est de 628 mètres carrés : sa longueur est de 39^{m}25 ; quel est sa largeur ?

849. La surface d'un rectangle est de 1250 mètres carrés ; quelles sont ses dimensions, sachant que la longueur est double de la largeur ?

850. Un rectangle a une surface de 1323 mètres carrés ; sa longueur vaut trois fois sa largeur ; quelles sont ses dimensions ?

851. Une chambre a 8^{m}7 de long et 3^{m}9 de large ; combien faut-il pour la carreler de carreaux qui ont 75 décimètres carrés de surface ?

852. Quel est le côté du carré équivalant à un parallélogramme qui a 252 mètres de long sur 28 de large ?

853. Un rectangle a 48 mètres de long sur 25 de large ; on veut le changer en un autre de même surface qui aurait 60 mètres de long ; quelle serait sa largeur ?

854. Un peintre demande 0^{f}07 par décimètre carré de peinture ; combien coûterait la peinture d'une porte qui a 2^{m}45 de hauteur et 1^{m}37 de largeur ?

855. Un salon a 8^{m}09 de long sur 6^{m}45 de large ;

3...

combien faut-il pour le parqueter de planches ayant 0^m08 de long sur 0^m54 de large ?

856. Combien un rectangle, ayant 0^m65 de long sur 0^m07 de large, contiendrait-il de rectangles ayant 0^m09 de long sur 0^m08 de large ?

857. Un triangle a 18^m de base et 12^m de hauteur ; quelle est sa surface ?

858. Quelle est en centimètres carrés la surface d'un triangle qui a 3^m75 de base et 2^m69 de hauteur ?

859. La base d'un triangle est de 68^m07, sa hauteur est 48^m05 ; quelle est sa surface en ares ?

860. La plus longue base d'un trapèze est de 84^m, sa plus courte est de 68^m, sa hauteur de 75^m ; quelle est sa surface en hectares et en ares ?

861. Trouver la longueur d'un carré dont la surface serait de 69^ha6.

862. Mon jardin contient 28^a75 ; sa longueur est de 80^m ; quelle est sa largeur ?

863. Trouver la hauteur d'un triangle dont la surface est de 1^ha38, et la base 150^m.

864. Trouver la base d'un triangle dont la surface est de 364^m carrés et la hauteur 35^m.

865. Un bassin circulaire a un rayon de 15^m ; quelle est sa surface ?

866. Une roue a 0^m8 de rayon ; quelle est sa circonférence ?

867. Une circonférence est de 68^m, quelle est la longueur du rayon ?

868. Trouver en millimètres carrés la surface d'une feuille de papier qui a 0^m62 de longueur sur 0^m36 de largeur.

869. Quelle est, en centimètres carrés, la surface d'un cercle dont la circonférence est de 8^m75 ?

870. On compare deux cercles : l'un a 6^m de rayon et l'autre 4^m05 ; combien le premier vaut-il de fois le second ?

871. Une roue de voiture a 1^{m}25 de rayon ; combien fera-t-elle de tours pour parcourir une route de 75^{km} ?

872. Le rond-point d'un parc a 83^m de rayon ; quelle est sa surface en ares ?

873. Quelle est la longueur d'un quart de circonférence dont le rayon est de 128^m ?

874. Trouver le côté d'un carré équivalent à la surface d'un cercle dont le rayon a 8^m.

875. Quelle serait la hauteur d'un parallélogramme qui aurait 80^m de base et qui serait équivalent à un cercle dont le rayon a 20^m ?

876. Je veux que ma chambre ait 43^m carrés, 20^{dm} carrés de surface, et que la longueur soit à la largeur comme 6 est à 5 ; quelles en seront les dimensions ?

877. Trouver la base d'un triangle qui aurait 12^m de hauteur et dont la surface serait équivalente à celle d'un cercle qui aurait 100^m de circonférence.

878. Quelle est la surface d'un cercle dont le diamètre est de 14^m ?

879. La surface d'un cercle est de 34650^m carrés ; quel est son diamètre ?

880. Quelle est la longueur d'un arc de 45 degrés, lorsque le rayon a 100^m ?

881. Un arc de 75 degrés a 15^m de longueur ; quelle est la surface du cercle ?

882. Un cercle a 1^m carré de surface ; quelle est la longueur en millimètres d'un arc de 20 degrés ?

883. Une roue de 2^{m}04 de rayon engrène dans une autre de 0^{m}30 de rayon ; combien la deuxième fait-elle de tours lorsque la première en fait 15 ?

884. Quel est le rayon d'un cercle équivalent à un carré de 625^m de côté ?

885. Supposez que la terre soit parfaitement

ronde, et dites-nous quelle est la longueur du rayon terrestre, sachant que le méridien vaut 40,000,000 de mètres.

886. Connaissant la longueur du rayon terrestre, trouvez en hectares la surface d'un grand cercle de la sphère.

887. L'arrête d'un cube est de 4^m05; quel est le volume en décimètres cubes ?

888. Combien y a-t-il de centimètres cubes dans un cube dont l'arrête est de 0^m08 ?

889. Un cube contient 5832^m cubes; quelle est la longueur de son arrête ?

890. Un cube contient 800^m cubes; quelle est en centimètres carrés la superficie d'une de ses faces ?

891. On sait que la superficie d'une des faces d'un cube est de 78^m125; quel en est le volume ?

892. Dans un prisme à base triangulaire, le côté du triangle formant la base est de 6^m, la hauteur de ce triangle est de 4^m, la hauteur du prisme est de 15^m; combien ce prisme contient-il de mètres cubes ?

893. Dans un prisme de même nature que le précédent, le côté du triangle formant la base est de 0^m75, la hauteur du triangle est de 0^m48, et la hauteur du prisme est de 1^m07; combien ce prisme contient-il de centimètres cubes ?

894. Dans un parallélipipède droit, les arêtes adjacentes ont respectivement 3 mètres, 4 mètres et 5 mètres; quel est le volume du corps ?

895. La longueur d'une salle d'école est de 8^m7; sa largeur de 6^m5 et sa hauteur de 4 mètres; combien cette salle contient-elle de mètres cubes d'air ?

896. Une personne aspire par minutes 5 litres 1/3 d'air; combien faudra-t-il de temps à 60 per-

sonnes pour aspirer l'air contenu dans une salle qui a 7^{m}65 de longueur, 6^{m}8 de largeur et 3^{m}7 de hauteur?

897. Quelle est la hauteur d'une salle dont le vide est de 168 mètres cubes et qui a 7 mètres de long et 6 de large?

898. Le vide d'une salle est de 408 mètres cubes; on sait que la largeur est 8 et que le rapport entre la longueur et la hauteur est comme 17 : 12 ; calculez ces deux dernières dimensions.

899. Une pile de bois a 3^{m}5 de longueur et 1^{m}7 de hauteur ; la longueur des bûches est de 1^{m}4 ; combien y a-t-il de stères?

900. Je veux qu'une pile de bois contienne 48 stères ; les bûches ont 1^{m}6 de longueur ; je les place côte à côte entre deux poteaux distancés de 12 mètres ; quelle hauteur faut-il donner à la pile?

901. Un bloc de marbre de forme rectangulaire a 1^{m}8 de longueur, 1^{m}75 de largeur et 1^{m}2 de hauteur ; combien contient-il de décimètres cubes ?

902. Un vivier a 8^{m}5 de longueur, 4^{m}3 de largeur, et la hauteur de l'eau est de 1^{m}5 ; combien contient-il d'hectolitres d'eau?

903. La densité du fer est 7, 8 ; quel est le poids d'un parallélipipède de fer qui a 0,25 de long sur 0,1 de large et 0,08 de haut ?

904. Quelle longueur faut-il donner à l'arête d'un cube de fer qui pèserait 100 kilogrammes?

905. Une barre de fer laminé a 3^{m}5 ; sa largeur est de 0,07 ; son épaisseur de 0,01 ; quel est son

906. La densité du plomb est 11. Quel est le poids d'un lingot rectangulaire ayant 0^{m}7 de long, 0,65 de large et 0^{m}30 d'épaisseur ?

907. La densité de l'or est 19 ,3 ; il vaut 15 fois plus que l'argent ; quel est le prix d'un cube d'or qui a 0^{m}075 de côté ?

908. Combien y a-t-il de décimètres cubes dans une poutre qui a 8^{m}6 de long, 0,45 de large et 0,37 de hauteur ?

909. Un bassin circulaire a 8 mètres de rayon et 1^{m}45 de hauteur ; quelle est sa capacité ?

910. Un fossé, dont la coupe verticale a la forme d'un trapèze, est tel que sa largeur intérieure est de 3 mètres, sa largeur supérieure de 4 mètres, sa profondeur de 2^{m}5 et sa longueur de 125 mètres ; combien en a-t-on extrait de mètres cubes de terre ?

911. Un puits circulaire a 2^{m}3 de diamètre et 24 mètres de profondeur ; quelle est sa capacité ?

912. Un puits circulaire a 1^{m}5 de rayon et 35 mètres de profondeur ; quelle est sa surface latérale en centimètres carrés ?

913. Quelle est, en millimètres carrés, la surface d'un cylindre qui a 0,08 de rayon et 1^{m}09 de hauteur ?

914. Un tuyau de poêle a 0^{m}15 de rayon et 8^{m}75 de longueur ; combien faut-il, pour le confectionner, de pièces de tôle ayant 0^{m}80 de longueur et 0^{m}65 de largeur ?

915. Quelle est la surface d'une couronne dont le plus petit cercle a 5^{m}20 de rayon et le plus grand 8^{m}40 ?

916. J'ai un bassin circulaire qui a 48^{m}6 de rayon ; au centre se trouve une île également circulaire, qui a 15^{m}7 de rayon ; la profondeur du bassin est de 1^{m}40 ; quel est le volume de l'eau qu'il contient ?

917. Une margelle de puits a 3^{m}5 de diamètre hors d'œuvre, 2^{m}6 dans œuvre ; son épaisseur est de 0^{m}60 ; combien contient-elle de décimètres cubes de pierre ?

918. Une mesure cylindrique doit contenir un

hectolitre ; quel rayon faut-il lui donner si l'on veut que la hauteur soit double du diamètre?

919. Le cas précédent étant supposé, quel est le diamètre de la mesure lorsque la hauteur est égale à ce diamètre?

920. Quelles sont les dimensions d'un double-décalitre cylindrique lorsque la hauteur est égale au diamètre?

921. Quelle est la surface intérieure, y compris celle du fond, d'un hectolitre, lorsque la hauteur est double du diamètre?

922. Quelle est cette surface lorsque la hauteur est égale au diamètre?

923. Quelle est la surface, y compris celle du fond, d'un double-décalitre, lorsque la hauteur est égale au diamètre?

924. Quelle est cette surface lorsque la hauteur est double du diamètre?

925. La distance entre deux écluses, dans un canal, est de 1248 mètres ; la largeur du fond du canal est de 12 mètres ; la largeur à la surface de l'eau est de 15^{m}8 ; la profondeur de l'eau est de 2^{m}2 ; quelle est, en mètres cubes, la quantité d'eau contenue dans le canal?

926. Un mur a 125 mètres de longueur, 2^{m}7 de hauteur et 0^{m}40 d'épaisseur ; combien y entre-t-il de mètres cubes de pierres?

927. On a une pyramide triangulaire droite, à base régulière, dont chaque côté a 1^{m}6 ; quelle est sa surface latérale, sachant que l'apothème est de

928. Quelle est la surface d'une pyramide droite, à base hexagonale et régulière, sachant que le côté de la base est de 2^{m}5 et l'apothème 6^{m}9?

929. La base d'un cône a 20 mètres de rayon, le côté ou l'apothème est de 100 mètres ; quelle est sa surface convexe?

930. Un cône a 600 mètres de surface convexe, et son côté a 15 mètres ; quelle est la surface de sa base ?

931. La plus grande base d'un cône tronqué a 12 mètres de rayon, la plus petite 8 mètres, le côté ou l'apothème a 9 mètres ; quelle est la surface convexe ?

932. Le toit d'une tour est en forme de cône, dont l'apothème est de 15 mètres et le rayon de la base 6 mètres ; combien faut-il, pour la couvrir, de feuilles de zinc ayant 0^m45 de long sur 0^m30 de large ?

933. Un ferblantier veut confectionner un vase en forme de tronc de cône ayant 0^m65 de côté, le diamètre de la grande base de 0^m75, et le rayon de la petite base de 0^m54 ; quelle sera la surface du vase, y compris celle de la petite base ?

934. Quelle est la surface d'une sphère dont le diamètre est 4 mètres ?

935. Quelle est, en myriamètres carrés, la surface du globe terrestre, sachant que la circonférence d'un grand cercle est de 40,000,000 de mètres ?

936. Un dôme de forme semi-circulaire a 20 mètres de rayon ; combien faut-il, pour le couvrir, de feuilles de cuivre ayant 0^m80 de long sur 0^m36 de large ?

937. Calculez en millimètres carrés la surface d'un projectile d'artillerie ayant 0^m12 de diamè-

938. Dans une pyramide triangulaire un côté de la base a 18 mètres et la hauteur de cette base 15 mètres ; la hauteur de la pyramide est de 64 mètres ; quel est, en mètres cubes, le volume de la pyramide ?

939. La base d'une pyramide est carrée et a 6 mètres de côté ; la hauteur du monument est de 48 mètres ; quel est son volume ?

940. Dans un tronc de pyramide à base carrée, le côté de la plus grande base est de 6 mètres, le côté de la plus petite de 5 mètres, et la hauteur du tronc est de 25 mètres; quel est son volume?

941. La base d'un cône a 3^m5 de rayon, sa hauteur est de 8^m4; quel est son volume en mètres cubes?

942. La densité du plomb est 11; quel est le poids d'un cône de plomb ayant 0^m72 de diamètre à la base et 0^m96 de hauteur?

943. Un entonnoir conique a 9^m60 pour son plus grand rayon; sa hauteur est de 0^m70; combien contient-il de litres?

944. Je suppose que l'entonnoir ait la forme d'un tronc de cône; le plus grand diamètre a 0^m8 et le plus petit 0^m50; sa hauteur est de 0,60; combien content-il de litres?

945. Je suppose la pesanteur spécifique du sucre 1,40; dites quel serait le prix de 125 pains de sucre de forme conique, ayant chacun 0^m25 de diamètre et 0^m40 de hauteur.

946. Dans un tronc de pyramide quadrangulaire à bases parallèles, la base inférieure a 2^m3 de longueur et 1^m4 de largeur; la base supérieure a 0^m90 de longueur et 0^m50 de largeur, la hauteur est de 1 mètre; quel est en décimètres cubes le volume du tronc?

947. Un tas de blé a la forme d'un tronc de pyramide quadrangulaire, la base inférieure a 10^m5 de long sur 6 de large, la base supérieure a 8^m4 de long sur 5^m3 de large et une hauteur de 1^m4; combien ce tas de blé contient-il de doubles-décalitres?

948. Combien en contiendrait-il en supposant que sa base inférieure fût un carré de 8^m5 de côté, sa base supérieure un carré de 7^m3 de côté et sa hauteur 1^m5?

949. Quel serait le poids d'un tronc de cône en plomb ayant son plus grand rayon de 0^m30 , son plus petit de 0^m15 et sa hauteur de 0^m20 ?

950. Je veux construire pour le liquide une mesure conique qui contienne un hectolitre, et il faut que la hauteur soit de 0^m60 ; quel sera le diamètre ?

951. Quel est, en mètres cubes, le volume d'une sphère qui a 7 mètres de rayon ?

952. Quel est, en décimètres cubes, le volume d'une sphère qui a 0^m5 de diamètre ?

953. Une boule de marbre a 0^m7 de diamètre ; quel est son volume en centimètres cubes ?

954. La densité de l'or étant 19,3 et sa valeur étant quinze fois plus grande que celle de l'argent, quelle est la valeur d'une sphère d'or de 0^m06 de rayon ?

955. Une sphère d'or non massive a 0^m0015 d'épaisseur, son rayon extérieur a 0^m02 de longueur ; quelle est sa valeur ?

956. La densité du fer étant 7,8, quel est le poids d'un boulet de 0^m25 de diamètre ?

957. Quel est le diamètre d'un boulet qui pèse 8 kilog. ?

958. Quel est le poids d'un morceau de fer irrégulier, sachant que lorsqu'on le plonge dans l'eau il en déplace 8^l25 et que sa densité est de 7,8 ?

959. Combien une pierre qui, plongée dans l'eau, en déplace 58^l578, contient-elle de centimètres cubes ?

960. Quel est le côté du carré dont la surface est de $0^{mq}996$?

961. Un triangle a 945 mètres carrés de surface, sa base a 180 mètres ; quelle est sa hauteur ?

962. Quelle est la surface d'un cylindre qui a 0^m45 de diamètre ?

963. Un tas de fumier a 6 mètres de long sur 2

de large et 1^m30 de hauteur ; combien faudrait-il, pour l'enlever, de tombereaux contenant chacun 0^{mc}800 décimètres cubes ?

964. Un puits circulaire a 3^m7 de diamètre, l'eau s'élève à 5^m8 ; quel est son volume ?

965. Quelle est la surface latérale et intérieure de ce puits, sachant qu'il a 40^m de profondeur ?

966. Combien entrera-t-il de mètres cubes de pierres dans un mur qui a 160^m de long sur 0^m56 d'épaisseur et 2^m4 de hauteur ?

967. Quelle est la capacité d'une caisse ayant 1^m3 de long sur 0^m75 de large et 0^m68 de haut, ces mesures étant prises intérieurement ?

968. Combien faudrait-il pour doubler 25 caisses de la grandeur ci-dessus, de feuilles de papier gris ayant 0^m60 de long sur 0^m40 de large ?

969. Quel est le volume d'une sphère ayant 3^m9 de rayon ?

970. Mon jardin a 19 ares 8 centiares ; sa largeur est de 38^m16 ; quelle est sa longueur ?

971. Un boulet de fer doit peser 60^{kg} ; quel sera son diamètre ?

972. Quel est le poids d'un cylindre de fer ayant 0^m12 de rayon et 2^m49 de longueur ?

973. Une chambre régulière a 6^m4 de long sur 4^m8 de large et 3^m2 de haut ; combien contient-elle de mètres cubes d'air ?

974. Le plafond d'une salle ronde a 12^m8 de diamètre ; quelle est sa surface ?

975. Un vase est en forme de tronc de cône renversé ; la plus grande base a 4^m5 de diamètre, la plus petite 3^m8 ; combien contient-il de litres ?

976. Un foudre parfaitement cylindrique et ayant 4^m80 de diamètre intérieur contient du vin jusqu'à une hauteur de 2^m75 ; combien y en a-t-il d'hectolitres ?

977. J'ai amoncelé mon blé en forme de tronc de pyramide quadrangulaire, ayant pour sa base inférieure 12^m de long et 10^m de large, et pour sa base supérieure 10^m de long sur 8^m de large, et 1^m de hauteur ; combien en ai-je de doubles-décalitres ?

978. Mon champ a la forme d'un trapèze, dont la grande base a 249^m, la petite base 180^m, et la hauteur 160^m ; combien contient-il d'ares ?

979. Quelle est la surface d'une couronne dont le grand rayon a 64^m et le petit 35^m ?

980. Quelle est la surface d'un cône ayant un diamètre de 14^m et un apothème de 36^m ?

981. Le fossé que j'ai creusé a 180^m de long sur 1^{m}50 de profondeur ; sa largeur supérieure est de 2^m, sa largeur inférieure de 1^{m}4 ; combien en ai-je extrait de mètres cubes de terre ?

982. Quel est le côté d'un cube qui contient 25 mètres cubes ?

983. Un cube contient 48 mètres cubes ; quel serait le côté d'un cube double ?

984. Par quel nombre faut-il multiplier le diamètre d'un cercle pour obtenir un cercle de surface double ?

985. Par quel nombre faut-il multiplier le côté d'un cube pour avoir un cube 6 fois plus grand ?

986. Une pile de bois a 18^m de long sur 4^m de haut, et les bûches ont 1^{m}30 de longueur ; combien la pile contient-elle de mètres cubes ?

987. Une planche de chêne a 9^{m}8 de long sur 0^{m}60 de large et 0^{m}05 d'épaisseur ; quel est son volume en centimètres cubes ?

988. Quelle est la surface d'une sphère de 0^{m}75 de rayon ?

989. Un tube en fer a 0^{m}40 de rayon extérieur et 0^{m}25 de rayon intérieur ; sa longueur est 2^{m}90 ;

quel est son poids, sachant que la pesanteur spécifique du fer est 7,8 ?

990. Quel est, en myriamètres cubes, le volume de la terre ? (On sait que la circonférence d'un grand cercle est de 40,000,000 de mètres).

PROBLÈMES D'ARITHMÉTIQUE
APPLIQUÉE A LA GÉOGRAPHIE.

991. Le soleil, dans son mouvement apparent d'orient en occident, parcourt 15° par heure ; combien en parcourra-t-il en 2ʰ35' ?

992. Combien faut-il d'heures au soleil pour parcourir 48°50' ?

993. Saint-Pétersbourg est à 29°58'30" de longitude orientale ; quelle heure est-il dans cette ville, lorsqu'il est midi à Paris ? (On sait que le premier méridien passe par l'Observatoire de Paris.)

994. Quelle heure est-il à Paris, lorsqu'il est midi à Saint-Pétersbourg ?

995. Quelle heure est-il à Paris, lorsqu'il est 9ʰ1/2 du matin à Saint-Pétersbourg ?

996. Rome est à 10°8' de longitude orientale ; quelle heure est-il à Saint-Pétersbourg, lorsqu'il est 4ʰ du soir à Rome ?

997. Lorsqu'il est midi à Paris il est 7ʰ36'30" du soir à Pékin ; on demande : 1° si Pékin est à l'est ou à l'ouest de Paris ; 2° à quel degré de longitude il est situé ?

998. Moscou est à 35°12'45" de longitude orientale ; New-York, en Amérique, est à 76°18'52" de longitude occidentale ; quelle est la différence de leurs méridiens ?

999. Quelle heure est-il à Moscou, lorsqu'il est midi à New-Yorck ?

1000. Quelle heure est-il dans chacune de ces deux villes, lorsqu'il est 10^h du matin à Paris ?

1001. Londres est à 2°25'45" de longitude occidentale ; Dijon est à 2°41'50" de longitude orientale ; quelle heure est-il à Londres lorsqu'il est midi à Dijon ?

1002. Edimbourg est à 55°57' de latitude septentrionale ; Alger est à 36°49'30" de latitude septentrionale ; quelle est la différence de latitude de ces deux villes ?

1003. Paris est à 48°50'14" de latitude septentrionale ; le cap de Bonne-Espérance est à 34°24'15" de latitude méridionale ; quelle est la différence entre la latitude de ces deux villes ?

1004. Je règle ma montre à Paris et je vais à Berlin. J'observe que lorsqu'il est midi à Berlin ma montre marque 11^{h}56' ; je veux savoir quelle est la longitude de Berlin ?

1005. Brest est à 6°49' et Québec à 73°30' de longitude occidentale ; quelle est la différence de leurs méridiens ?

1006. Quelle heure est-il à Québec, lorsqu'il est 8^h du soir à Brest ?

1007. Un savant, placé dans le lieu A, et un autre savant, placé dans le lieu B, observent en même temps un phénomène céleste : la montre du premier marque 10^{h}40' du soir et celle du second indique 1^{h}28' du matin ; quelle est la différence des méridiens des lieux A et B ?

1008. La ville de Naples est à 40°50'15" de latitude septentrionale ; celle de Sydney est à 45°33' de latitude méridionale ; quelle est la différence de leurs latitudes ?

1009. Les degrés de latitude ont tous environ

25 lieues de 4000 mètres; combien 35°48'50" font-ils de lieues?

1010. Quelle est, en lieues, la largeur de la zône torride, sachant que le tropique du Cancer et le tropique du Capricorne sont éloignés de 23°30', l'un au nord, l'autre au sud de l'équateur?

1011. Quelle est, en lieues, la largeur de la zône tempérée comprise entre le tropique du Cancer, éloigné de 23°30' de l'équateur, et le cercle polaire arctique, éloigné du pôle de la même distance de 23°30'?

1012. Paris et Alger ont à peu près la même longitude; la latitude de la première ville est de 48°50'14"; celle de la seconde ville est de 36°49'30"3/5; quelle est, en lieues, la distance directe de ces deux villes?

FIN.

Dijon, imprimerie Loireau-Feuchot.